JN111545

3.11に学ぶ

歴史が語る未来

荒川文生

現代書館

はじめに

本書の目的は、第一に、例えば「3・11」(二〇一一年三月一一日に惹起した福島第一原子力発電所事故)などを契機に、エネルギー問題を「自分のこと」として考え始めた一般市民の皆さんが、問題の本質を捉えるための参考となることである。第二に、そのような市民の皆さんに判断の基礎となる知識を提供すべき(電力系統技術を志向する)若き専門家が、技術の歴史と今後の展開に関する理解を深めるための参考となることである。これらの目的に沿い、本書は次のように構成されている。

第一章は、本書の基本認識として、一般市民と専門家の両者と共に筆者も「歴史に学ぶ」とはどういうことかを考えることとした。この問いに答えて、古来言い伝えられている格言に「温故知新」があるが、その現代的解釈を問い直すのである。

第二章は、若き専門家向けに、日本の未来に向けた計画を立てるうえで基礎とすべき一四〇年にわたる電力系統技術の歴史を分析している。

第三章は、一般市民と専門家の両者に共通な理解を得るためのものである。ここでは、原子力に係る技術者の多くが信じて疑わなかった「安全神話」が、脆くも打ち砕かれた「3・11」について、科学技術ジャーナリスト会議有志による「再検証委員会」が、福島事故調査の当事者に直接聴取した内容や、電気学会調査専門委員会が調査・研究した技術報告などをもとに、その分析を試みつつ今後の対応を計画するうえで、基本となる考えをまとめた。特に「3・11」を含む自然災害との対応にも注目している。

第四章は、「3・11」に直面して、エネルギー問題を「自分のこと」として取り組み始めた市民の皆さんの活動例を、筆者が直接見分できた範囲で、市原市(土太郎村)、狛江市(エネこま)、小田原市(鈴廣)の三件につき紹介している。若き専門家は、この章から自らの志向する技術が「現場」でどのように役立つかを学んで欲しい。

第五章は、主として若き専門家向けの内容であるが、一般市民が将来どのようなエネルギーシステムを求めているか、その計画の方向性を見極めながら、それを実現可能とする技術要素を確かめている。その中核には、考え方としてエネルギーの無駄遣いを避ける「地産地消」と、扱い方として、電力系統技術を大きく発展させてきた電子計算機の上に乗った情報通信技術(ICT)と人工知能(AI)がある。果たしてこれらが一般市民の求めに応える技術となるかどうかが重要な鍵となる。

第六章は、第五章の内容を計画倒れにしない手段として、市民の知恵と専門家の知識とを組み合わせた「ロードマップ」を描くことを提案している。

第七章は、まとめとして、COVID-19のような疫病や山本七平氏の研究による「空気」が日本人に及ぼした歴史的事実を踏まえ、「空気」の拘束から脱却する手段を提示した。

なお、本書には筆者が見聞きした論文や談話などの引用があるが、いずれも筆者の理解と責任において文章化したものである。また、筆者が執筆した論文の内容を電気学会技術報告向けに加筆訂正したものを、さらに本書向けに修正掲載した部分もある。

3・11に学ぶ＊目次

はじめに　1

第1章　賢者は歴史に学ぶと言うが　9
鉄血演説／技術者と歴史
未来の諸目的／調査専門委員会
自然に生きる国際展開

第2章　パワーシステムはどのように発展したか　25
通史的分析
設備形成の展開（一八八〇〜一九五〇）
制御技術の展開（一九五〇〜一九八〇）
システム多重化（一九八〇〜二〇二〇）

第3章　3・11とは何であったか　53
「命」への想い／日本の原子力開発史

福島第一原子力発電所事故／福島を風化させるな
電気学会による聞き取り調査／事故調査委員長は語る
事故、一〇年目の想い／自然災害への対応

第4章 スマートコミュニティを目指して ―― 119
土太郎村の目指すもの／「エネこま」の活動
小田原の老舗が何故／未来の共同体

第5章 パワーシステムをどのように計画するか ―― 135
主要技術の発展／スマートグリッドの出現
情報通信技術と人工知能技術／需要家設備
地産地消と地域共同体／電力系統技術と未来の共同体

第6章 ロードマップをどのように描くか ―― 211
「繰り返し」説明モデルからの展望
みんなで造ろうロードマップ

第7章　明日への第一歩は何処へ　237
煌めく星影
十字架を担って
歴史が語るもの
明日への第一歩
おわりに　249
索引　254
コラム「空気の研究」その1　18
コラム「空気の研究」その2　86
コラム「空気の研究」その3　89
コラム「空気の研究」その4　104
コラム「空気の研究」その5　190
コラム「空気の研究」その6　241

第１章

賢者は歴史に学ぶと言うが

1862年頃のビスマルク

鉄血演説

「愚者は経験に学び、賢者は歴史に学ぶ」

この有名な格言は、Otto von Bismarck が一八六二年に行った「鉄血演説」からの引用とされているが、そこでは「賢者は歴史から学ぶ」という言い方がなされているわけではない。[*1] 後世の解釈として「他人の経験＝歴史」と「Bismarck＝賢者」という置き換えがなされ、学校で使われる教科書などで広く一般に流布されたと考えられる。日本でも往々にして学校教育において、さしたる根拠なく、このような内容が語られることがある。諸説あるなかで作者不明のまま、教育的効果を持つ古来の言い習わしが「学問の神様」といわれる菅原道真によるものとして残されている例として、「怠らず行かば千里の外も見む牛の歩(あゆみ)のよし遅くとも」などがある。

歴史に学ぶということは、具体的には本を読むことや遺跡を発掘調査研究することなどであるが、言い換えれば先人たちの事跡に学ぶことである。愚者が経験に学ぶということは、自分の経験でしか物事の判断ができないか、その逆に理屈でしか物事が判断できないかだ。それを足して二で割ったような人であれば申し分ないが、偏ってしまうとどちらも肩肘張った理屈屋になってしまう。歴史に学ぶ上での素材としては、書物や遺跡に限らず、人類が残した有形無形の遺産としての文化や芸術作品なども有効なものとなる。しかし、それらから何をどのように学ぶかは、まさに賢者の賢者たる所以のものといえる。裏返して言うと、賢者のみが歴史から学べるのであるが故に「歴史に学べ」といわれても、それに応えられる者は限られており、自らを省みて忸怩たるものがある。

技術者と歴史

技術は常に新しいものに置き換えられる。それは経済合理性によって与えられた宿命とも思える。第二次世界大戦前後に哲学者として技術を論じた武谷三男は、「正しい技術論は、技術者がそれによって技術の発展を推進できるような、有力な指導原理でなければならない」とし、「技術とは人間実践（生産的実践）における客観的法則性の意識的適用である」という規定を提案した。[*2] その意味するところは様々に解釈できるが、科学によって証明される自然の法則を、われわれが実生活に有用なものとして活用するのが技術であるといえよう。この有用性が、現代では経済合理性として技術に「より良いものをより安く」と要求している。もちろん、技術のなかでも芸術の域まで高められたものは、安ければ良いというわけではないから、その時代の味わいを残して古典的存在になりうる。しかし、「生産的実践」に適用される技術は、常に革新が求められている。実際、技術者の多くは「新しいもの好き」であり、技術者は未来への進歩の概念を当然のごとく持っているといえよう。

その裏返しとして、技術者にとって「歴史は古いもの」として、あまり関心を呼ばなかったかもしれない。しかし、未来を切り開く進歩の概念を持たないところに歴史の存在意義はなく、「歴史というのは、獲得された技術が世代から世代へと伝達されてゆくことを通じての進歩ということ[*3]」なのであるから、技術者にとって歴史への関心は、革新への途を過ちなく正しく歩むために不可欠といえる。確かに、名工とは良き弟子を育て、先達から受け継いだ自らの「技」を弟子に継承することにより、その技術の発展を期すものである。常に新しいものを追求している技術者も、未来を洞察する大局的歴史観を持ち合わせないと、世紀末の混迷と退廃に遭遇して戸惑うことになる。例えば、退廃的とはいえないが、成長と拡大だけが人類発展の途ではないとする「右肩上がりへの反省」に対し、技術者はいかなる答えを用意できるであろうか。

とはいえ、ここでもまた技術者の出番が待たれている。大量生産と大量消費による環境破壊を食い止めるものは、やはり、効果的なエネルギー消費と環境保全対策のための技術なのである。これは一見「マッチポンプ」の議論のようであるが、大量生産と大量消費の時代に迎合して公害を垂れ流したことへの謙虚な反省に立って、その後始末とも言うべき対策技術の開発に技術者は責任を以って当たらなければならない。もちろん、責任は技術者だけが負うべきものではないが、逆に、その責任を全うすることにより、技術者の社会的地位が一層高まることになる。

さらに、過去の責任だけでなく、的確な未来の創造に役割を果たすことなしに技術者の社会的責任は意義あるものとなり得ないし、その上で未来のありようを見据え、国際的にも貢献しうる日本らしい技術を創造することが、極めて重要である。技術者が技術を創造しつつ未来の創造に役割を果たすとして、その未来を的確に計画するにはどうしたら良いであろうか？

未来の諸目的

英国の歴史学者E. H. Carrによれば歴史とは、「過去と現在との対話」[*4]であって、それは未来に向けて明るく平和な未来の建設を計画する上に必要な実証性や合理性、そして知識よりも知恵を学び取ることである。歴史家は歴史における法則性を追求するわけではなく、歴史は予見しないし、教訓を与えないとされているが、歴史的事実のなかに合理的かつ客観的に一般化できるものがあれば、我々はそこから計画のための的確な行動指針が得られる。「温故知新」という格言を現代的に科学的合理性に基づいて解釈すれば、歴史から的確な行動指針を得るという意味になろう。つまり、「未来だけが、過去を解釈する鍵を与えてくれる」[*5]のと表裏の関係において、「次第に現れてくる未来の諸目的」[*6]を過去の諸事件との間の対話によって検証することこそ、我々が歴史に学ぶ目的であろう。ここでいう「未来の諸目的」とは、現代に生きる我々に次々と課せられる新しい課題であると考えられる。こういった新しい課題との対比において、過去の諸事件が様々な新しい解釈を我々に与えるのであるから、その意味で「**歴史は**

常に新しい」といえるのである。これと同様のことは技術の展開についてもいえるだろう。つまり、技術者は常に新しいものを追求するが、それは必ず過去の実績の積み重ねの上に立ち、その成功と失敗とを客観的かつ合理的に評価して初めて的確で有効な発展を期することができるのである。それでは二十一世紀に活きる技術者にとって「未来の諸目的」とは、いったいどのような課題であろうか？　その答えを出すには、多分、我々一人ひとりが、自らの来し方行く末に想いを馳せ、それこそ一冊の書物をまとめて初めて得られるものかも知れない。それは各自にライフワークを与える類いのもので、これといって画一的に提示されるものではありえない。しかし、そこにはある種の共通性はあり得るという意味で、ひとつ、ふたつの例示は可能であろう。例えば、二十一世紀が人類にとってその生存を懸けた必死の戦いの秋(トキ)であることから、その目的とはその戦いに勝利すること、具体的には、次のような課題に実践的な答えをだすことであろう。

①自然との共生

十四世紀に勃興したルネッサンス以来、西欧文明は実証主義と合理主義に支えられた科学をもって「人間」の力をより強く認識するようになった。ニーチェが「神は死んだ」と言い、ルソーが「自然に還れ」と言ったが、西欧文明は人間が科学により神や自然を克服することを近代文明の発展と捉えていた。その「近代化」に乗り遅れた東洋文明が、二十世紀以降「追いつけ追い越せ」と努力している時、「グローバル化」に象徴される西欧文明は、地球と自然との共生という一点で行き詰まっていた。かつてギリシア文明は、東洋の文化的伝統をギリシア文明と融合させることにより破滅を回避し、ヘレニズム文明として新たな発展を見せた。その歴史から読み取るべきことは、この行き詰まりを打破するものが、「グローバル化」の波に洗われながら、日本がかろうじて残している「足るを知る『美と慈悲』の文明」[*7]といわれるものなのだということである。この「『美と慈悲』の文明」は、著者である安田喜憲氏の宗教的観念に基づく、四半千年紀にわたる日本文化の重層低音をなすものともいえる奥深いもので、ここで筆者が愚見を以って簡素な説明を加えることも憚られるものである。

②巨大システムの分離縮小

コンピューターの世界で二十世紀末にＩＢＭからＷｉｎｄｏｗｓへ劇的な遷り行きがあったことをみるまでもなく、二十一世紀初頭に惹起した国際的大企業の没落は、自然と対立して行き詰まった西欧文化と軌を一にするものである。自然界が多種多様な生き物の大きく緩やかな連関のなかで、複雑にして美しくも豊かな世界を形造っていることを思えば、人間界のシステムもこれに見習うべきなのである。ただし、発受信機能を持ちビッグデータを処理し得るコンピューターが世界規模で連系されていることには重大な危惧が潜んでいる。実はこの連系システムこそ極めて巨大であり、例えば、それによる「情報操作」が権力にもてあそばれることにより、言論の自由が著しく阻害され得るのである。

③システムの内実

二十世紀における二度にわたる世界大戦の反省から、欧州は戦争の要因となる「国境」をなくすという高い理想に向け、地道に石炭の管理からはじめて共同通貨の利用や出入国管理の簡素化など、「欧州共同体」理念の実践に努めてきた。しかし、二十一世紀に入ってその理念は、例えば、難民問題を通じた言語や人種、つまりは、人々が担う文化や文明の協調と衝突の問題に逢着し、混迷に遭遇した。この混迷にひそむ矛盾を止揚するものは、人類が共存できるシステム(共同体)がどのようなものであれば良いかというその内実、つまり、それがどの程度閉じたシステムであり、どの程度開いたシステムであれば良いのか、システム間にどの程度の距離があるのが適切か、システム内でどのような対話がなされているか、その道具立てはどのようなものかといった具体的「手立て」なのである。

上述の通り、歴史に学ぶとは、単に文献や史料を読むだけではなく、過去と現在との対話を図ることであって、それは明るく平和な未来の建設を計画する上に必要な実証性や合理性、そして知識よりも知恵を学び取ることである。この作業は、未来に豊かな時間をより多く持っている「若者」にふさわしく、夢を実現する楽しさがあり、柔軟な発想と若い力を持った者たちが、豊かな経験と深い知恵とを持った者たちと力を併せ、若者の夢や希望にひそむ人間性喪失のきざしを正し、「金塗れからの脱却、無駄遣いの克服、一人ひとりの尊重」を実現するための「手立て」となる。その要点は、自然との共生に関し、太陽エネルギーの有効活用、[*8]巨大システムの分離縮小に関し、人文科学や社会科学を含むシステム技術の革新、[*9]システムの内実に関し、「一人ひとりの尊重」を実現するための小さな共同体の構築、[*10]その間の適度な距離、システム内で対話を成立させる手段等であり、これらを具体的なものとして計画に盛り込む作業が求められる。

調査専門委員会

永年、原子力と不即不離の関わりを保ってきた者として筆者は、二〇一一年三月一一日の「福一事故」に直面し、これが国際的政治・経済・社会・文化の「制度疲労」の帰趨であると認識した。しかし、このように大きな問題に取り組むには自らの器も小さく、能力も不足していることを嘆きながら、それでも自分なりにできることとなすべきことを考えた。具体的には、この事態にいかに対応すべきかを調査研究するため、鈴木達治郎氏（元日本原子力委員会・委員長代理）を委員長とする電気学会調査専門委員会（ＮＤＨ）を立ち上げ、「日本における原子力発電技術の歴史」電気学会技術報告・第一三五六号（二〇一六年五月）が発行された。そこでは原子力発電が内包する危険性を念頭に、電気技術者がその安全性を確保するためにいかなる努力をしてきたかが、事実として報告されている。しかし、今や国際的政治・経済・社会・文化の「制度疲労」が明らかになっており、その修復がなされない以上、人類にとってエネルギー問題の妥当な解決はあり得ない。

コラム「空気の研究」その1

「空気の研究」は、1977年に『文芸春秋』に連載されて以来40年余を経ているが、特に昨今メディアをはじめとする「忖度」による混迷と退廃の中で、改めて読み直されている。本書は第1章で「賢者は歴史に学ぶ」ということを改めて問い直しているが、その答えは「空気の研究」から読み取れるのではないであろうか。具体的には、各章にコラム風に挿入した実例の中で、それを示してみたい。さらに、筆者は今この「空気」に拘束され足掻いているが、どうすればその拘束から脱却できるのかも考え、実践してみたい。

洋の東西を問わず、人間は理性に基づく論理によって合理的な判断をし、感性に基づく動機に促されて能動的に行動する。しかし、「言うは易く行うは難し」であり、「わかっちゃいるけど、止められねえ」と歌われる。『空気の研究』（文春文庫、新装版第2刷、2020年11月20日）では、「合理性追求の“力”は非合理性である」(p.222)とされており、「空気」はこの非合理的な力と思われるが、何しろそれが非合理なものであるがゆえに、「空気」とは何かを論理的に追及することは不可能かもしれない。

山本七平氏は「空気の研究」の「あとがき」で次のように述べている。(P.247)「本書によって人々が自己を拘束している『空気』を把握し得、それによってその拘束から脱却し得たならば、この奇妙な研究への第一歩が踏み出されたわけである。どうか本書が、そのために役立ってほしいと思う。」

歴史とは空気読み解く秋（トキ）の声
（返歌）聴き取る者こそ賢者為れ　（青史）

そこで電気技術の専門家集団としては、この修復について電気エネルギーの生産・流通・消費全体のシステムに関わる技術（電力系統技術）のあり方を検討し、将来に向けた現実的な計画として提示するため、上記に続く調査専門委員会を立ち上げ、歴史に学ぶ二十一世紀における電力系統技術のあり方を調査・研究してきた。それが「二一世紀における電力系統技術調査専門委員会（PS－21）」である。

その取りまとめに当たり、「歴史に学ぶ」とはどういうことかを改めて考え直しているが、歴史的事実とその分析により「事実に基づき合理的に判断する」という科学の神髄に従うことがその問いへの答えになるのだと考えている。

『日本における原子力発電技術の歴史』

ただ、言うまでもないことではあるが、ことをなすには科学の神髄という「理屈」だけで人々の同意や協力を得ることはできない。政治家がポピュリズムを悪用して科学的成果を権力濫用に用いた例は、原爆の投下を初めとして枚挙に暇はない。[*11] 保険会社や医薬業者のなかには医学的成果を隠蔽・捏造して暴利を貪っている者も少なくない。自らの反省を籠めていうべきことは、科学の神髄を全うすべき研究者や技術者が自らの倫理観

明道利器　興古為新
温家寶
恭賀香港理大建校七十周年 (2008)
建学七十周年記念碑（石碑の横は筆者）

と歴史観を質し、悪しき社会的風潮に迎合することなく、それと戦うことである。

自然に生きる国際展開

その電気学会（IEEJ）が一九九四年に提唱して以来、中国（CSEE）、香港（HKIE）、韓国（KIEE）の各学会が毎年順次主催して来たICEE（電気技術国際会議）の第二四回大会が二〇一八年に香港理科大学で開催された時、その図書館前に置かれた建学七十周年記念の碑に、時の中国首相の言葉が刻まれていた。

温家寶元首相の言葉が意味する所は、「真理を明らかにし、それを自らの能力とせよ。古きを興して新しきものとなせ」というものであるが、その政治的意図はともかく、紀元前の学者・孔子の「温故知新」を現代の政治家らしく実践を重んじて、知識よりも知恵と言い直したと読み取れる。これも歴史に学ぶひとつの例である。この大会で発表された論文[*12]を巡る討論から、電気学会・電気技術史技術委員会（HEE）は、ICEEに対し「技術史委員会」を常設するよう提案することとしているが、その折にこの石碑に出会ったことも何かの因縁といえよう。二〇二〇年に四国で開催される予定であったICEE（第二六回）において、電気技術の歴史研究を推進するための委員会設置が目論まれた。残念ながら会議はCOVID-19拡散防止のため中止となったが、その会議の記念として、例えば電気学会の技術史顕彰制度「でんきの礎」における「エレキテルと平賀源内」の顕彰（二〇一八年三月）を意義付けることが効果的である。

平賀源内*[13]

なぜならば、歴史的人物である平賀源内は四国出身だからである。そのためには電気学会の総体的支持や、関係者の献身的努力が必要であり、ICEEに「技術史委員会」が設置されたからといって、現代国際社会の混迷と退廃が内包する矛盾が止揚されるというほど、ことは簡単ではない。しかし、我われ電気技術者が、たとえ小さなことでも、できることから何かを始めなければ、未来への展望が開けることもあり得ない。こういった細やかな努力を積み重ねることで新しい電気技術の革新がもたらされ、現代の混迷と退廃が内包する矛盾が止揚され、夢と希望に満ち自然に生きる新たな時代が創造されることになれば、電気に関わる研究者や技術者にとり、これに勝る幸せと悦びはあり得まい。

注

＊1 Otto von Bismarck, Reden, 1847-1869, in Hermann von Petersdorff (Hrsg.) Bismarck: Die gesammelten Werke, Band 10, Berlin: Otto Stolberg, 1924-35, S. 139-40. "Nur ein Idiot glaubt, aus den eigenen Erfahrungen zu lernen. Ich ziehe es vor, aus den Erfahrungen anderer zu lernen, um von vornherein eigene Fehler zu vermeiden." 「愚か者は自分の経験に学べばよいと思っているが、私は自分の過ちを避けるため、他人の経験に学ぶことを優先する」

＊2 武谷三男『弁証法の諸問題』理論社、一九五四年

＊3 E. H. Carr "What is History" PALGRAVE, First edition 1961, Reprinted with new Introduction, 2001.『歴史とは何か』清水幾太郎訳、岩波書店、一九六二年

＊4 E. H. Carr 前掲書

＊5 E. H. Carr 前掲書

＊6 E. H. Carr 前掲書

＊7 安田喜憲『文明の環境史観』中公叢書、二〇〇四年

＊8 地球環境問題を考える懇談会編『生存の条件——生命力溢れる太陽エネルギー社会へ』旭硝子財団、二〇一〇年

＊9 阿部力也『デジタルグリッド』エネルギーフォーラム、二〇一六年

＊10 坂征郎『土太郎物語——夢の村づくり』朝日クリエ、二〇一三年

＊11 滝鼻卓雄『記者と権力』早川書房、二〇一七年

＊12　HIDAKA, Kunihiko; "History Study for the Future," HEE-111-9-3, Key Note Paper for Special Session; "The Maui Meeting for ICEE," ICEE 2018.

＊13　平賀源内先生顕彰会編『平賀源内全集』上、巻頭、一九三二年

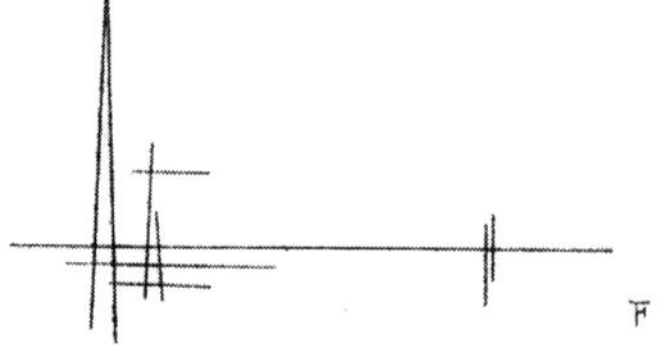

第２章

パワーシステムはどのように発展したか

蹴上放水路

通史的分析

明治から平成に到る時代の大きな流れのなかで、日本の電力系統技術はどのように発展してきたであろうか。その通史的分析の基礎として、この間に生起した歴史的事実を確認するが、数多ある史実のなかから何を確認するかについては、決して恣意的であってはならない。[*1] 確認すべき項目をここでは、以下の四項目に分類した。

①電力系統技術に直接係わる史実（設備の運転開始等）

②電力産業に係わる社会的・経済的史実（法令や事業の改廃、社会的な大事件など）

③海外の状況（①、②に準ずる日本以外における史実）

④電力系統技術に関連する技術一般（設備、装置、理論、手法等）

このうち表2—1では、②と③を同じ欄に記載した。

電力系統技術発展の基本的流れを構成する史実を整理するには、まず、電力系統技術とこれら関連技術との相関関係を明らかにし、それらが技術の内的発展の要因となっている構造を明らかにすることを第一の視点とする。また、電力系統技術とその背景をなす社会的・経済的要素との相関関係を明らかにし、それらが技術の社会的構成要素となっている構造を明らかにすることを第二の視点とする。このふたつの視点は、各時代の社会的・文化的特質を背景として発展する電力系統技術の開発と、その発展の歴史における技術的特性を見出そうとする視点に展開すべきものである。第三の視点は、欧米を中心とする国際的動向である。なかでもその基本構造が、サミュエル・インサルの思想と行動に依っていることを忘れてはならない。インサルは、トーマス・エディソンのロンドンにおける電話会社で仕事を得たことが契機となり、一八八一年二一歳の時に渡米し、エディソンの秘書役となって大いに経営手腕を発揮した。一八九二年ジェネラル・エレクトリック社成立と共にエディソンの下を離れ、シカゴ市内で小さな電力会社の社長として急速に事業を拡大し、一九〇七年、のちに「インサル帝国」と呼ばれるまでに巨大化した電力会社集団の初代社長に就任する。筆者が注目するインサルの業績は、この間に彼が創出した公益事業としてのビジネス・モデルと料金制度である。これらはその後一〇〇年にわたって全世界で電気事業の基礎となった。しかし一九二九年の世界的経済恐慌による混乱の収拾に追われ、一九三二年に至り「インサル帝国」は破産するにいたる。この歴史は、二〇〇〇年のカリフォルニア電力危機（後述）に伴い、「エンロン帝国」と称されるほどに急成長した総合エネルギー業者の破綻として繰り返したとされる。しかし、後者の破綻は急成長の陰に行われた不正経理が暴露されたことによっており、「インサル帝国」の破産とはまったく事情を異にする。これは、インサルの名誉を傷つけないために、ひとこと付言するものである。[*2]

設備形成の展開（一八八〇～一九五〇）

電気事業としての電力系統の初期的形態が日本で実現するのは一八八七年で、その前年に設立された東京電燈㈱が、25kW、210Vの直流送電を特定の需要家に対して開始したときである。[*3] これは一八八二年、米合衆国ニューヨーク市における直流送電系統の運転開始に遅れること、わずか、五年であるが、つまりは、そのシステムをそのまま導入・移転したものであることを示している。

一方、日本における交流送電系統の運転開始は、直流に遅れること、わずか、二年で、一八八九年に大阪において30kW、1155kV、125Hzの送電が開始された。海外における交流送電系統の例は、その前年一八八八年のロンドン市に見られるものである。これはニューヨークの直流送電系統に遅れること一一年となるが、この間、特に合衆国において、直流送電系統による電気事業と交流送電系統による電気事業との異常とも思われる競争が見られる。これに対し、日本における直流と交流の技術的競争は、事業間の経済競争ではなく、事業内の技術的選択の問題に限られ、合衆国のような社会問題とはならず、結果的に、その後の日本の電力系統は交流を中心に構成されてゆくこととなった。例えば、「水力電気事業発祥の地」という石碑が建てられている京都の蹴上（けあげ）発電所が、琵琶湖からの疎水事業に付帯して建設され、一八九一年には直流550Vの発電機二機をもって事業を開始したが、翌一八九二年には、同一発

蹴上発電所初期の内部。水車と発電機は長大なベルトで連結されていた。電圧、周波数も個々に相違していたこともあり、各発電機からの送電も、それぞれ独立した送電線が使われていた。(『水力発電発祥の地　蹴上発電所の歩み』より)

蹴上放水路。電力需要の著しい増加により、1908年、第二放水路の建設に着工。1912年3月に完成した。(『水力発電発祥の地　蹴上発電所の歩み』より)

電所において交流1000Vの発電を開始し、[*4] それ以降は交流系統を中心として京都周辺への電力供給を行った。

この時期の状況が、その後の日本の電力系統構成に大きな特色をもたらすことになる。それは系統周波数の問題である。電力技術導入初期の交流送電における系統周波数は、国際的にも多様であったが、日本では、導入元となる欧米の技術の相異により多様なものがあった。結果的に、関東地域において合衆国から、関西地域において欧州から技術が導入されることが多く、それぞれの地域において有力となっていた系統周波数が、日本でも有力となっていった。すなわち、関東地域において合衆国の50Hz、関西地域において欧州の60Hzがより多く採用されたのである。その背景には各地域の社会的状況があるが、技術的には、各地域の事業者において指導的な役割を果たした技術者の考え方や意思が、このような結果をもたらしたといえよう。

一九〇〇年代における日本の電力系統は、上記のごとく多様な周波数のものがあったが、大方が50Hz、または60Hzの交流で構成されるようになる一方で、電源と負荷とを長距離で結ぶことが技術的にも経済的にも成り立ちがたい状況であった。このため、比較的狭い地域の需要家に電力を供給する電気事業者が、日本各地に多数存在することとなった。一八八八年に設立された電気学会が、その目的に「電気の普及」をあげているように、当時の社会的背景には、日本の近代化を推進するひとつのモーメントとして電気の利用があり、これが電気事業者数を増大させた。

この近距離送電系統における電源は、石炭を資源燃料とする火力発電所であったが、当時、日本は国際的にも有力な石炭生産国であったにもかかわらず、石炭の国内需要は極めて旺盛で、石炭は決して安価な資源ではなかった。一方、電力系統技術の主眼は長距離送電に置かれ、豊かな降水量と急峻な山岳地帯に恵まれた日本における水力を利用した発電を可能とするようになった。具体的には、中国地方で11kV、26kmの交流送電が一八九九年に開始され、一九〇七年には関東地方で55kV、75kmの交流送電が開始された。

さらに、**一九一〇年**代における日本の電力系統技術の発展は、国際的にも充分比肩し得るものとなる。すなわち、一九一五年には猪苗代—東京間で115kV、228kmの交流送電が開始され、一九一八年には、それと同様に豊富な水力資源を電力として東京に運ぶ鬼怒川線（66kV、124km）を用いた電力線搬送通信（通信用の電波を電力用送電線に重畳する）試験が、世界で初めての成功を収めている。当時の電力系統技術の発展の多くが海外からの技術導入に依存しているなかで、この電力線搬送通信試験のように、日本独自の成果も見られた。[*5]

一九二〇年代に入ると、二百を超える多数であった電気事業者が過当競争を忌避し、折からの国際的経済不況（金融恐慌）の影響も受けつつ、いわゆる「五大電力」（東京電燈、東邦電力、大同電力、宇治川電気、日本電力）への集中が見られるようになった。その結果、一九一〇年代に発展し始めた豊富な水力資源を電力として需要地に送るための長距離送電の技術が一層の高度化を要求されるとともに、その送電線をどの事業者が所有するのかで激しい競争が行われた。（表2—2参照）

表 2-1（その 1） 日本の電力系統技術の発展

西暦	国内電力系統技術	西暦	国内電力産業と海外の情況	主な関連技術
		1867	Siemens et al 自励式発電機発明	発電機
		1871	英国電気学会設立	
1878	3 月 25 日工部大学校ホールでアーク燈点燈	1878	Swan 炭素細糸式白熱電灯発明	白熱電灯
1883	国産第 1 号発電機によりアーク燈点燈	1882	ニューヨーク、直流中央発電所運転開始	直流発電所
1887	25kW 210V 直流発電開始（東京）	1882	Gibbs 変圧器発明	変圧器
1888	電気学会設立	1886	東京電燈会社一般電気供給開始	電　柱
1889	30kW 1155kV 125Hz 交流　発電開始（大坂）	1888	ロンドン、交流発電実用化	交流発電所
1891	蹴上水力発電所一部運開（直流 550V2 機）	1891	フランクフルト、万博用電力を交流送電（15kV 240kW 17・5km）	変電所
1892	蹴上水力発電所増設（交流 1000V1 機）			
1896	浅草火力発電所運転開始（50Hz）	1897	大坂電燈交流 60Hz 採用	鉄　塔
1899	11kV 26km 交流送電開始			

表 2-2　1920 年代電気事業者による競争

交戦者	戦場	開戦年月	講和年月	原因	結末
日本電力 対 東邦電力	中京地方	1923年８月	1924年３月	日電の各大都市進出政策の第一歩	日電の名古屋供給確立
宇治川電気 対 日本電力	関西地方	1925年8月	1932年10月	宇治川が大同の大阪進出を恐れて大同より受電開始せるため	日電の売電回復
宇治川電気 対 大同電力	電力連盟 電気委員会	1932年11月	1933年8月	宇治川が日電より受電を回復して従来の契約を破棄せるため	大同の売電存続と料金引下
東京電力 対 東京電燈	関東地方	1926年５月	1927年12月	東邦の東京乗込政策の表現	東電東力を合併
東京電燈 対 東邦電力	中京地方	1927年12月	1930年10月	若尾（璋八）東電社長の松永東邦社長に対する報復	東電名古屋区域の譲渡
日本電力 対 東京電燈	関東地方 電力連盟	1929年５月 1932年７月	1931年11月 1932年９月	日電の大都市進出政策の第二歩	日電の関東供給成功
大同電力 対 東京電燈	関東地方 池田木村裁定 電力連盟	1925年 1929年11月 1934年６月	1929年10月 1931年７月 1934年11月	大同の関東進出	紳士協定改定・大同の売電継続と料金引下

（出典：『日本科学技術大系　19　電気技術』*6）

このような社会的・経済的背景のもとで要求された技術の高度化に応えたものは、一方で送電線建設に必要な鉄鋼材料や電線の製造という設備形成技術であり、他方で送電系統を安定かつ経済的に構成するための電圧の規格化（当時の用語で「電力の統一」）であった。また、これらの状況を結果と示すものとして、一九二三年当時の主要な送電系統を図2—1に示す。

この技術の高度化に応えるものとして、成功したものとそうでないものとがある。前者は、一九二一年に電気学会で提唱された「電力の統一」があげられる。これは系統電圧を規格化し、段階的に整合性の取れたものとすることである。これにより、機器製造の規格も整合的となり、送電系統技術の体系が整合的に整備され、経済性も向

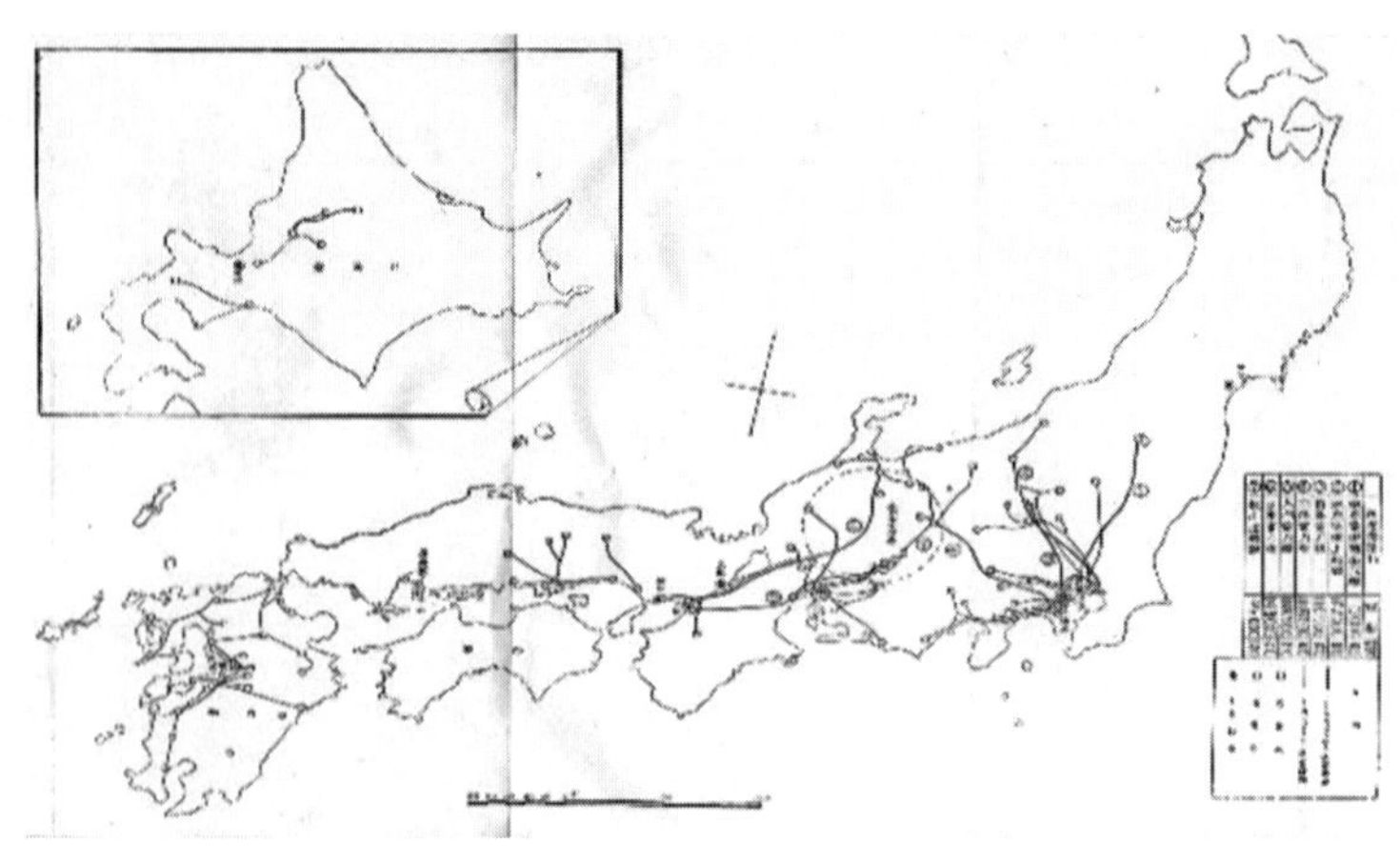

図2-1　1923年における主要送電系統（110kV以上）
（出典：『日本工業大観要綱』第十章　電気事業　送電網　附図[*7]）

上することとなった。一方、複雑化する電力系統の状況を把握し、その運転と制御をより安全かつ効率的に行うために有力な設備として考案された「交流計算盤」の技術が、一九二九年に合衆国で成功したにもかかわらず、第二次世界大戦をめぐる国際的緊張と情報遮断などにより、日本はその技術の導入ができなかった。そのため、日本に交流計算盤が設置されるまでに二〇年ほど待たざるを得なかった。このことは、電力系統技術の中核をなす制御技術が日本において発展してゆく上で、特に、一八八〇年代には欧米の技術に対し、わずか数年であった技術の内的発展における遅れが一九四〇年代以降、一〇年以上の遅れを取ることになるという深刻な影響を及ぼした。

一九三〇年代における日本の電力系統技術の発展は、再び、その社会的背景として、日本が軍国主義化してゆく状況に強い影響を受ける。すなわち、電力産業が国の基幹産業のひとつであることから、「五大電力」への集中はさらに「電力国家管理」への途となった。具体的には、一九二九年時点で全国発電容量の五〇%を「五大電力」が所有していたことは、一九三一年の満州事変を背景に一九三二年に結ばれた「五大電力」のカルテルをもととした一九三八年の「電力管理法」公布の基盤を整備したものともいえよう。

ところで、このような社会的背景に対して、技術の内的発展という観点からは、この状況がシステム構成上有効な面を持っていると捉えることもできる。もとより、システムを運転し制御する系統技術の観点からすると、システムの一元化は望ましいものであり、効率的でもある。もちろん、逆に、システムの巨大化は系統技術に難しさをもたらす要因にもなるが、システムとそれに関わる技術との相関関係は、個別具体的に検討されるべきである。ともかく、一九三〇年代における日本の電力系統技術は、基幹産業としての電力産業における下部構造の整備つまりは電力設備の形成に邁進しており、その考え方や手法は、電力系統を構成する設備の充実と強化というハードウエアを中心とする発展であった。

一九四一年、日本は米合衆国と英連合王国とに宣戦を布告し、一九四五年、ポツダム宣言を受諾して太平洋戦争が終了した。その後、日本の社会と経済とが敗戦の混乱を克服し、「高度経済成長」の時代を謳歌する一九六〇年代までは、日本の電力系統技術に対する社会的背景の第二期といえよう。こういった社会的背景の初期において、日本の電力系統技術は抽象的にいえば停滞し、具体的にはそれがよって立つ電力設備はほとんど崩壊に瀕した。一方、孤立した

表 2-1（その 2） 日本の電力系統技術の発展

西暦	国内電力系統技術	西暦	国内電力産業と海外の情況
1907	55kV 75km 交流送電開始（駒橋―東京）	1907	S. Insull　Commonwealth Edison Co. 設立
1915	115kV 228km 交流送電開始（猪苗代―東京）		
1918	電力線搬送通信試験成功（世界初）	1920	この頃五大電力への集中始まる
1921	渋沢元治電気学会で「電力の統一」提唱	1921	発電所出力全国計 100 万 kW
1923	154kV 301km 甲信越線運開（梓川―東京）	1929	交流計算盤試作（アメリカ）
1927	154kV 351km 東京幹線完成（黒部川―東京）	1929	五大電力で全国発電容量の 50% 水主火従
		1931	満州事変
1935	26・2MW 国産火力タービン発電機　世界最大記録	1932	五大電力カルテル結成
		1938	電力管理法公布
		1941	太平洋戦争（対米英宣戦布告）
		1942	配電統制令（九配電会社設立）
1945	100kV 関門連絡線竣工	1945	太平洋戦争（日独無条件降伏）

日本の外交は、同盟国以外との国際的な交流の道を閉ざして、技術的にはその発展を阻害した。しかし、工業施設や民間の被災による電力需要は減退するなかで、山間の地にあった多くの水力発電所は戦災を免れ、また、本州と九州を結ぶ送電線となる関門連絡線が、一九四五年に竣工しているなど、敗戦直後の電力供給には余力があった。

しかし、戦後、**一九四五年**から一九五〇年にかけて電力の供給力はたちまち不足し、「停電」は日常化した。また、一九五〇年に始まる「朝鮮動乱」による「特需景気」から日本の経済は急速な回復を始めた。これに対応すべき日本の電気事業の体制整備は、システムの一元化がもたらす効率性をひとつの下支えとする事業の公益性を背景とする国家管理的な事業体制を維持しようとする勢力（官僚）が、電力供給の急速な回復と政府による安価な価格管理を求める産業資本の要請を背景に、電力国家管理体制前の事業体制の復活を求める民間電気事業者を中心とする電力資本（電気事業者）と暗黙的に対決し、事態の混乱が整理できないでいた。これに対し連合国総司令部（GHQ）は、一九五〇年にポツダム政令を発して「公益事業令」等を公布して、いわゆる「電力再編成」を強行した。[*8]

制御技術の展開（一九五〇〜一九八〇）

このように産業資本と電力資本との調整を占領軍の権力で強行して作られた事業体制は、

様々な矛盾を内包するものであった。そのひとつの解決策として試みられたのが、一九五二年に公布された「電源開発促進法」と、それにより設立された電源開発株式会社（電発）であり、もうひとつの方策が、一九五八年に発足した「広域運営」という「電発」と九社の民間電力会社との「協調」を図る措置であった。[*9] しかし、このような経済的矛盾にもかかわらず、電力系統技術にとって「電力再編成」は、新たな発展の場となった。すなわち、その体制が提供するシステムの大きさが、その後に発展すべき電力系統技術の水準に良く適合していたといえよう。「電力再編成」と「広域運営」という体制の上における電力系統技術発展の具体的な姿は、一九六〇年代に現れるのであるが、一九五〇年代の電力系統技術は、いわば、その懐妊期間ともいうべく、主として合衆国の電力系統技術を導入して、新たな発展に備えていた。例えば、一九五一年に電気試験所に設置された交流計算盤は外国産のもので、その後国内五社が購入した。これに対し、電発は国内の計測器メーカーとの共同開発で、他に例を見ない出力まで自動化した「第二世代」の交流計算盤を一九五七年に稼動した。さらに、一九六一年には、交流計算盤の要素として発電機台数を増やしたものを開発したが、このような技術が「広域運営」の基盤となっていた。[*10] その後、交流計算盤は電子計算機に置き換えられてゆくので、それが稼動した期間は、日本ではあまり長くはない。しかし、電発が国内の計測器メーカー（横川電機）と「第二世代」の交流計算盤を共同開発したようななかで培われた「系統解析」の技術は、国際的にも極めて高い信頼度を維持する電力系統の構成と維持に大いに貢献したものとして注目されるべきである。

日本経済が高度成長時代に入るなかで、電力系統技術は、それまでの「送配電工学」におけるような、例えば、変圧器や遮断器の挙動を個々に分析し制御するといった機器や設備に関するものから、それらの機器や設備をシステムの構成要素として扱い、そのシステムの挙動を分析し制御するといった技術に特化して行った。この年代における電力系統技術に関する論文などの発表時期を見てみれば、そこにある技術の内的発展の構造についても、ある程度示すことができる。

この年代に先立つ一九五七年に発表された「AFCより見た系統特性と変動特性およびその応用[*11]」は、当時、経済学の分野でも活用されていた数理計画法を電力系統の特性解析に応用したものである。数理計画法は、電気事業の経済分析において「経済負荷配分」という各種電源の組み合わせを経済的に最適化する手法として応用されていた。これらの手法は、システムの特性を示す多種で多数の諸元を数学的に分析し処理して、最適値を得るなど所定の結果を得ようとするもので、その背景には大型化し演算の高速化が進む電子計算機の発展があった。この年代における電力系統技術の発展は、このような電子計算機の発展なしに語ることはできない。一九六六年に出版された「電力系統工学[*12]」は、その初期段階における集大成である。さらにこの技術の実践的な応用としては、例えば、一九六八年の「フロー交流法・直流法による潮流計算[*13]」等が大いに活用された。

表 2-1（その 3） 日本の電力系統技術の発展

西暦	国内電力系統技術	西暦	国内電力産業と海外の情況	主な関連技術
		1950	公益事業令等ポツダム政令により公布（電力再編成）	
1951	交流計算盤設置（電気試験所）			交流計算盤
1952	沼沢沼揚水発電所運開	1952	電源開発促進法公布（電発設立）	超高圧送電（275kV）
		1955	原子力三法公布	パワープール
		1956	300MW 商用原発運転開始（イギリス）	原子力発電所
1957	「AFC より見た系統特性……」論文発表		火主水従	
		1958	電気事業広域運営発足	揚水発電所
1959	大森川揚水発電所運開（可逆式ポンプ水車）	1959	日本原電㈱事業認可（東海ガス炉設置許可）	AFC 制御（九州電力）
1960		1960	10kW MHD 発電実験成功（アメリカ）	MHD
		1961	電気料金値上げ（九州・東京）	
		1962	電気料金値上げ（東北）	
1963	12・5MW JPDR 発電成功			アナログ計算機
	300MW 佐久間変換所運開	1964	電気事業法制定（臨時措置終了）	Flow Theory
	（HVDC50/60Hz 直流連系）	1965	御母衣幹線事故（関西地区停電）	交直変換所
1966	関根著「電力系統工学」出版	1966	東海ガス炉営業発電開始（125MW）	HVDC
1967	11MW 事業用地熱発電所運開（大岳）			静止型系統安定化装置
1968	「フロー法による潮流計算」論文発表		尖頭負荷（冬から夏へ）	EMTP
1970	331MW BWR（敦賀）運開	1970	大阪万博開幕（原発からの送電）	デジタル計算機

一九七三年と一九七九年の二度にわたる「石油危機」は、日本の国民的常識となっていた「右肩上がりの成長」の夢を撃ち砕き、エネルギーと環境の問題を巡って「価値観の変質」をもたらした。このような国際的「圧力」は、一九九〇年代に再び訪れるが、それ以前の一九七〇年代から八〇年代が、日本の電力系統技術をめぐる社会的背景の第三期といえよう。この変動は、電力系統技術の発展にも大きな影響を与えた。それを示す具体例のひとつは、一九七三年に出版された「電力システム」[*14]である。執筆者らは電気事業の第一線に従事する電力系統技術者たちであったが、電力系統がその境界領域を含む電力システムとして取扱われることなしには最適解が得られないことをこの著作の執筆者らは実感しはじめていた。実際に「石油危機」に遭遇し、それへの対処を具体的に迫られ、彼らは「電力系統将来問題検討会」(AESOP : Approach to the Engineering of Socio-economy Oriented Planning)を組織し、その第一次的成果が、一九七九年の『電気学会誌』に発表された。[*15] その題意識と手法は、電力系統技術に携わる若手技術者に引きつがれ、一九八一年には、この成果に含まれていた「タフネスの評価」などに関する論文が発表された。[*16]

システム多重化(一九八〇〜二〇一〇)

電力系統技術の社会的背景第三期の後半となる一九八〇年代の電力系統技術は、情報理論の手法なども取り入れつつ理論的に発展していったことが注目される。一九八四年出版の『電力

表 2-1（その 3） 日本の電力系統技術の発展

西暦	国内電力系統技術	西暦	国内電力産業と海外の情況	主な関連技術
1970	350MW LNG 発電所運開 （南横浜）	1973	「オイル・ショック」	交直連系系統 潮流解析
1970	340MW PWR（美浜）運開	1974	電気料金値上げ （9 社平均 56・82%）	
1973	沼原揚水発電所運開 （675MW 478m）	1974	電源三法制定	状態推定
	関根編「電力システム」出版		500kV　二重外輪系統	
1979	AESOP の成果論文発表	1977	50MW 高速増殖炉臨界	UHV 研究 （1978）
1979	北海道本州直流連系 （150MW DC250kV 設計・125kV 運用）	1979	スリーマイル島原発事故 （US）	

系統過渡解析論』[*17]は、その精緻を極めたものといわれ、その後の「状態方程式」や「固有値制御」の研究を支えるものとなった。この頃から実際の電力系統は、その巨大化の矛盾を現わし始める。例えば具体的に、一九八七年には電力系統における電圧崩壊現象により首都圏で大停電が惹起した。この現象は、系統解析の盲点となっていたもので、一九九〇年以降、この現象の解析に関る論文が多数発表された。

さらに、電力系統技術の社会的背景は一九九〇年代にその第四期に入り、欧州、米州、亜州のそれぞれにおける国際戦略にもとづく動きが直接的に日本の社会や経済に影響を及ぼすようになった。例えば、国際金融資本の動きが、産業活動の正常な動きを阻害しているという批判がある。具体的には、国際経済における「自由化」の波が電気事業にも及ぶに到ったが、この場合にこの批判が当たっているかどうかの判断は時期尚早であろう。その一方において電気事業では原子力関連の事故や不祥事が起こり、技術と技術者のありように対する社会的批判が強まった。その背景には、リテラシー（Literacy）などの自然科学や技術に関する社会的理解や技術者倫理の問題がある。これらに対応すべく、電力系統技術は、一方で状況を一般にもわかりやすく説明するための「解析結果の視覚化」や系統の監視や制御における「インテリジェント化」の研究を進める一方、電気事業の「自由化」に対応して、コスト削減という企業のニーズに応える「水力補修」のあり方を検討する論文や、消費者の多様なニーズに応える「電力品質」のあり方を検討する論文が発表されるようになった。このような状況の混迷に内包される矛盾

表 2-1（その 4） 日本の電力系統技術の発展

西暦	国内電力系統技術	西暦	国内電力産業と海外の情況	主な関連技術
1980	500kV 関門連系線・新山口幹線竣工	1980	新エネルギー総合開発機構（NEDO）設立	潮流多根解
1981	新高瀬川揚水発電所運開（1280MW 229m）		イラン・イラク戦争	負荷管理 需給制御
	「タフネス評価」論文発表	1983	ATR 実証炉建設計画協定	固有値制御
1984	関根著「過渡解析論」出版	1984	つくば万博開幕	
		1985	NTT・JT 発足（公社民営化）	
1985	「状態方程式」論文発表			
	「固有値制御」論文発表		原主火従（関西電力）	
		1986	チェルノブイリ原発事故 東京サミット	Demand Side Management
1987	天山用水発電所運開（600MW 520m）	1987	沖縄電力㈱民営化 首都圏大停電	知識ベース 補修計画
1988	UHV 運転開始			Ultra High Voltage 負制動・逆動揺
		1989	天安門事件（中国）	コジェネ運用
1990	「電圧崩壊」論文発表	1990	東西ドイツ統一（FRG）	安定性予防制御
1991	電学論「超電導」特集			SMES 運用
1992	北海道本州直流系設備増強竣工（600MW）			Superconductive Magnetic Energy Storage
1993	「サンシャイン計画」を改組「ムーンライト計画」と統合			
1994	本州四国連系送電線竣工（500kV）	1994	高速増殖炉「もんじゅ」Na 事故	
	「インテリジェント化」論文発表　「解析結果視覚化」論文発表	1994	電気事業法改正（「電力自由化」対応）	Neural Net 負荷予測

を上記の情報通信技術を応用した「インテリジェント化」などの新たな技術を以って止揚してゆく技術がそれなりに定着してゆく過程で、電力系統技術は次なる技術の革新を「マイクログリッド」という技術によって遂げてゆく。これは設備技術と制御技術とが一体化されたシステムを多重化することにより、多様な需要に応じてより信頼度と安定度の高い電力系統をシステムとして作り上げてゆくものである。

しかし、このような技術革新の背景として、社会状況の混迷が始まっており、それは電力系統技術の発展にも混迷をもたらすおそれがある。この結果、二十一世紀において電力系統技術者がその国際的使命を果たし、技術者倫理を全うして行く上で、その背景となる社会と経済の状況を的確に認識することが必要不可欠となった。例えば、一九八九年の中国における天安門事件や一九九〇年の欧州における東西ドイツの再統一、さらには、一九九七年の香港の中国返還、二〇〇一年の米合衆国における九・一一テロなどに示される国際情勢における大きな変化の持つ意味を電力系統技術者としても的確に認識しない限り、来るべき社会における電力系統技術のあり方を適切に計画することはできない。すなわち、一九九〇年代以降の電力系統技術の社会的背景第四期がどのようなものかという的確な認識なしには、この状況に適切に対応した電力系統の計画は立てられないのである。この間、海外では「電力の自由化」が原因のひとつとされる大規模な事態が、二〇〇〇年にカリフォルニアの電力危機や、二〇〇三年の北米やイタリアの停電のように発生した。これらの状況は、一九七〇年代の「石油危機」に勝るとも

表 2-1（その 4） 日本の電力系統技術の発展

西暦	国内電力系統技術	西暦	国内電力産業と海外の情況	主な関連技術
		1995	ATR 実証炉建設計画中止	
		1996	IPP 初入札	Indepedent Power Producer
		1997	香港　中国に返還	
		1998	東海ガス炉廃炉措置決定	
1999	沖縄やんばる海水揚水発電所運開（30MW 136m）			Intelligent Power System
2000	紀伊水道直流連系設備運開	2000	カリフォルニア電力危機	
2001	「分散電源」論文発表	2001	原子力安全・保安院設置 9・11 アメリカ同時多発テロ	Real Time Pricing
		2003	米東北地域・イタリア大停電	
2004	「水力補修」論文発表 「電力品質」論文発表	2004	電源開発㈱民営化（J Power）	Micro Grid
2005	「電力自由化」論文発表	2005	電力取引所開設	
				Portfolio Standard
2007	中越沖大地震			
		2009	SPP 法	SPP
	（2010 年代：大企業の没落）			
2011	福島第一原発事故	2011	東日本大震災	

郵 便 は が き

お手数ですが
切手をお貼り
ください。

１０２−００７２
東京都千代田区飯田橋３−２−５
㈱ 現 代 書 館

「読者通信」係 行

ご購入ありがとうございました。この「読者通信」は
今後の刊行計画の参考とさせていただきたく存じます。

ご購入書店・Web サイト		
書店	都道 府県	市区 町村
お名前（ふりがな）		
〒 ご住所		
TEL		
Eメールアドレス		
ご購読の新聞・雑誌等		特になし
よくご覧になる Web サイト		特になし

上記をすべてご記入いただいた読者の方に、毎月抽選で
５名の方に図書券５００円分をプレゼントいたします。

買い上げいただいた書籍のタイトル

書のご感想及び、今後お読みになりたいテーマがありましたら書きください。

書をお買い上げになった動機（複数回答可）

新聞・雑誌広告（　　　　　　　　　）　2. 書評（　　　　　　　　）

人に勧められて　4. ＳＮＳ　5. 小社ＨＰ　6. 小社ＤＭ

実物を書店で見て　8. テーマに興味　9. 著者に興味

タイトルに興味　11. 資料として

その他（　　　　　　　　　　　　　　　　　　　　　　　　　）

入いただいたご感想は「読者のご意見」として、新聞等の広告媒体や小社
tter 等に匿名でご紹介させていただく場合がございます。
可の場合のみ「いいえ」に○を付けてください。　　　　　いいえ

社書籍のご注文について（本を新たにご注文される場合のみ）

記の電話や FAX、小社 HP でご注文を承ります。なお、お近くの書店で
り寄せることが可能です。

EL：03-3221-1321　FAX：03-3262-5906
ttp://www.gendaishokan.co.jp/

ご協力ありがとうございました。
なお、ご記入いただいたデータは小社からのご案内やプレゼントをお送りする以外には絶対に使用いたしません。

劣らぬ甚大な影響を電力系統技術にも与えるものと考えられている。さらに、IEEEの著名な技術者であるJack Casazzaによる*FORGOTTEN ROOTS*[*18]に示されるような合衆国における混迷が、日本にももたらされる可能性を持っている。具体的には、二〇〇〇年の夏にカリフォルニアで、天然ガス価格の上昇、猛暑など様々な要因も重なって電力卸売価格が上昇を始め、州外からの電力調達設備が不十分だったために、ピーク時の料金が最高で七五〇〇ドル／メガワット時にまでなった。この価格は消費電力1200ワットのエアコン一時間分の電力の卸売価格が一〇ドル近い状態になることを意味するが、電力会社は規制のためにこの卸売価格上昇を消費者に転嫁することができず逆ざや状態が発生した。発電会社は利益増加のために供給を抑えるとともに、長期契約より高値で売買できる短期の卸売に契約をシフトするなどの動きをみせた。二〇〇〇年冬のオレゴン、ワシントンでの降雪量は例年に比して少なく、このため、二〇〇一年は、両州からカリフォルニアに回せる余剰電力も減少した。電力会社からの代金回収が危うくなった発電会社は、売り渋りを行うようになり、発電会社から十分な電力を調達できなくなった電力会社は大規模な輪番停電を行うにまで追い込まれた。電力会社は逆ざやで経営を急速に悪化させ、二〇〇一年四月には大手電力会社三社の一つであるパシフィック・ガス＆エレクトリック社が破綻することとなった。また、価格を釣り上げて利益を得ていたエンロンも、パシフィック・ガス＆エレクトリック社の破綻で同社に対する数億ドルにも上る債権が回収不能となり、最終的に同年一二月、粉飾決算が明るみに出て倒産した。

表 2-1（その 4） 日本の電力系統技術の発展

西暦	国内電力系統技術	西暦	国内電力産業と海外の情況	主な関連技術
		2012	四事故調報告 FIT 制度発足	Feed-in Tariff 余剰電力買取制度
		2015	ウクライナ配電系統サイバー被害	汎用人工知能
2016	技術報告 #1356（原子力）			
2017	PS-21 設置	2017	「アシロマ原則」提示	ビッグデータ
2018	北海道全域系統崩壊 九州電力出力制限			
2019	房総半島大規模停電	2019	ヨハネスブルグでランサムウェア感染・停電 地球規模の異常気象 COVID-19　感染症拡散	
2020	技術報告 #1498（電力系統）			
			（2030 年代：再生可能エネルギーの普及拡大を想定／NEDO 需給システム） （2040 年代：英仏自動車を全て電動化目標）	

このような状況に適切に対応した電力系統の計画を立てるためにも、国際金融資本の日本市場参入を背景とした「電力自由化」が電力系統技術に及ぼす影響は、看過し得ないものがある。一九九〇年代後半にみられた社会状況の混迷と退廃は、あたかも二十世紀の末期的症状ともいえる。それは人類が十八世紀以降の「近代化」によって自然環境を破壊してきたことを悔い改めなければ、新たな二十一世紀が人類絶滅の始まりとなることを示唆するかのごとくでもある。このような状況は、人類史のなかで幾度か繰り返されており、その状況を克服したのは、例えば十四世紀のルネッサンスにおける芸術であり、十八世紀の産業革命における技術であった。それを思い起こせば、二十一世紀を人類絶滅の始まりとしないための方策は、芸術を含む技術によって講じられるべきである。

この観点から、二〇〇〇年から二〇二〇年までの年表を観ると、それは「失われた二〇年」とも言われるように、日本の経済は低迷し、新たな技術革新に然したるものは見当たらない。[*19] それどころか、前世紀の「負の遺産」とも言うべき自然環境の破壊がもたらす自然災害の頻発とそれに伴う福島第一原子力発電所事故のような災害が人類を襲っている。これらへの対応こそ第一章に述べた「未来の諸目的」の技術的かつ具体的内容である。

注

＊1　石井彰三・荒川文生『技術創造』朝倉書店、九―一〇ページ、一九九九年

＊2　松田道男『忘れられた巨人　サミュエル・インサル』電気学会発行、一一二、一〇六ページ、二〇二〇年

＊3　新田宗雄編『東京電燈株式会社開業五十年史』東京電燈株式会社、二一一二七ページ一九三六年

＊4　Yanabu, Satoru 'History of Keage Hydroelectric Power Station,' Paper presented at IEEE Conference on the History of Electric Power, (2007).

＊5　『日本科学技術大系19　電気技術』第六章、第七章、一九五一一九七、二二三ページ、一九六九年

＊6　『日本科学技術大系19　電気技術』第九章第二節「恐慌と電力統制」三二九ページ、一九六九年

＊7　『日本工業大観要綱』第十章「電気事業　送電網（渋沢元治）、附図」八六八ページ、一九二五年

＊8　栗原東洋編『現代日本産業発達史 Ⅲ 電力』現代日本産業発達史研究会、三八一一三八八ページ、一九六四年

＊9　『日本科学技術大系19　電気技術』第十二章第二節「技術革新と広域運営」四五一ページ、一九六九年

＊10　工務部門技術史編集委員会編『先達に学ぶ』電源開発株式会社、四八三一四八四ページ、一九九八年

＊11　関根泰次「AFCより見た系統特性と変動特性およびその応用」『電気学会論文誌』Vol. 77 No. 828, pp.1220-1230. (1957).

＊12　関根泰次『電力系統工学』電気書院、一九六六年

＊13　高橋一弘・関根泰次「フロー交流法・直流法による潮流計算」『電気学会論文誌』Vol. 88-10 No. 961, pp. 1921-1940, (1968).

＊14　関根泰次編、荒川文生他共著『電力システム』日刊工業新聞社、一九七三年

＊15　関根泰次、荒川文生他共著「電力系統工学の新しい方向」『電気学会雑誌』Vol.99, No.2, pp. 97-100, (1979).

＊16　大山力「不確実な状況における電力系統のタフネスの評価」『電気学会論文誌』Vol. 101-10 pp. 1921-1940, (1981).

＊17　関根泰次『電力系統過渡解析論』オーム社、一九八四年

＊18　Casazza, Jack, *FORGOTTEN ROOTS*—Electric Power, Profits, Democracy and A Profession, American Educational Institute, (2007).

＊19　山口栄一『イノベーションはなぜ途絶えたか』筑摩書房、二〇一六年

第３章

3.11 とは何であったか

チェルノブイリ「ニガヨモギの星公園」のモニュメント

「命」への想い

本章の扉に掲げた写真は、ロシアに甚大な災害をもたらした原子力発電所から約15㎞南にあるチェルノブイリ市の中心地に造られた「ニガヨモギの星公園」に置かれたモニュメントである。遠方の岩に立てかけられた幟には「HIROSIMA」と標され、手前の岩には破損した燃料棒が突き刺さり、幟に「FUKUSIMA」と標されている。そこに降り立つ紅白二羽の折鶴には、災害で失われた大自然の生きとし生けるものの「命」への想いが込められている。毎年四月二六日に行われる慰霊祭に集まる人々は、こうして広島・長崎から福島まで六五年に及ぶ日本の原子力開発史を回顧することになる。

日本の原子力開発史

日本における原子力開発は、太平洋戦争中に始まっていた。理化学研究所の仁科芳雄を中心とするグループが取り組んでいた核分裂の研究が、「ニ号研究」として陸軍航空本部の直轄研究として推進された。しかし、ウラン資源が乏しいなど、その進展は進まず敗戦を迎えた。

その後の六五年にわたる歴史は、原子力発電を軸として通史的に観ると、一方で原子力基本法が「民主・自主・公開」の三原則を謳っているにもかかわらず、基礎研究が疎かにならざるを得なかったことによる自主開発の欠如があり、他方で国際政治や経済の制約がある中で国民の目に届かないところで展開された官民の軋轢があったといえよう。

時期的にみれば、第一期（一九五五～一九七三）の約二〇年で原子力開発に係る諸制度や諸組織などが整備され、続く第二期（一九七四～二〇〇〇）の約二五年間で電力会社各社がほぼ原子力発電による電力供給体制を整えるに至った。しかし、スリーマイルやチェルノブイリなどの事故を契機として福島の事故に至る約一〇年の第三期（二〇〇一～二〇一一）は、原子力発電に対する厳しい批判やそれに対抗する「原子力ルネッサンス」のキャンペーンが展開されるなど、原子力発電の歴史は国の内外で「グローバル化を巡る混迷」とも言うべき状況を呈することとなった。

この歴史から何を学ぶかは、年表に示される「歴史的事実」に基づく、我々一人ひとり自らの価値観と合理的判断とによるが、上記の「自主開発の欠如」と「官民の軋轢」については、後述の諸賢の所見を参考にされたい。

参考文献

山崎正勝『日本の核開発　1939～1955　原爆から原子力へ』積文堂、二〇一一年

表 3-1（その 1） 日本の原子力発電技術の発展

西暦	国内原子力発電技術	西暦	国内原子力産業と海外の情況
第 1 期（1955 ～ 1973「高度経済成長期」）			
		1942	原爆開発・製造（マンハッタン）計画
		1945	広島・長崎原爆投下
		1953	合衆国大統領国連演説（「アトムズ・フォオ・ピース」）
1954	「電発」企画部に原子力課	1954	世界初実用規模原子力発電所（AM-1/5MWe）運開（ソ連） 第五福竜丸被曝 「河野・正力論争」 通産省原子力予算（235M 円）
1955	日本原子力研究所設立	1955	原子力基本法等三法 公布 ラッセル・アインシュタイン宣言
		1956	マグノックス型（60MWeX4）運開（英国）（ウィンズケール後にコールダーホール）
1957	日本原子力発電㈱設立 原研 JRR-1（BWR 50kWth）	1957	シッピング　ポート（PWR/60MWe）運開（合衆国） ウィンズケール火災事故
		1958	日米・日英原子力協力協定調印
1959	原子力学会設立		
1960	原研 JRR-2（重水炉 10MWth）臨界（1996 年運転停止）	1960	日加原子力協力協定発効 ドレスデン（(BWR/70MWe）運開（合衆国）
1961	原研 JRR-3（国産研究炉 10MWth）臨界（1967 年 20MWth に改造） 原研国産第 1 号炉 JPDR（BWR/12.5MWe）運開	1962	ドーンレイ高速炉発電開始 英国（AEA）
1964	原子力委員会「立地審査指針」決定（1 万 kW 以上）	1964	中国核実験
1965	原研 JRR-4（研究炉 3．5 MWth）臨界 原研、原子力 5 グループと材料試験炉建設契約に調印		
1966	「原電」東海発電所運開（マグノックス型 125MWe）		
1968	国会で「核不拡散」を討議		
1970	日本「核不拡散条約（NTP)」調印 「関電」美浜 1 号（PWR/340MWe）運開（大阪万博に送電）		
1971	「東電」福島 1 号（BWR/460MWe）運開		

表 3-1（その２） 日本の原子力発電技術の発展

第２期（原子力発電の定着から事故へ）	
1974 電源三法成立 原子力船「むつ」 放射線漏れ	1975 ラスムッセン報告 （確率論的リスク評価）
1976 「中部」浜岡１号（BWR/540MWe）運開	
1977 高速増殖実験炉「常陽」臨界（50MWe）	
1978 原子力安全委員会発足	
1979 新型転換炉「ふげん」（重水炉 165MWe）運開	1979 スリーマイル島発電所事故 （合衆国）
1981 「原電」敦賀事故情報隠蔽事件	
1985 高速増殖原型炉「もんじゅ」着工	1986 チェルノブイリ発電所事故 （ロシア） IAEA 報告（安全文化を提唱）
1988 ウラン濃縮原型プラント操業開始	
1991 「関電」美浜２号 蒸気発生器伝熱管破損事故	
1992 原子燃料公社ウラン濃縮工場操業開始	1993 「あかつき丸」入港 （仏よりプルトニウム輸送）
1995 新型転換炉実証炉計画中止 「もんじゅ」ナトリウム漏洩事故	
1998 電気学会倫理綱領制定	
1999 JCO ウラン精製工場で臨界事故	
第３期（2001 〜 2011「原子力ルネサンス」）	
2001 原子力学会倫理規定制定	2001 N.Y. 同時多発テロ
2007 柏崎刈羽　所内変圧器火災事故	2007 中越沖大地震
2011 福島原発事故	2011 東日本大震災
2012 原子力規制委員会発足	

福島第一原子力発電所事故

二〇一一年三月一一日一四時四十六分、東日本を襲った大地震により、福島第一原子力発電所は、大きな津波に捲かれ、発電所用電源装置等や建屋が破壊され、一部の原子炉がメルトダウンしてしまった。その結果、二酸化酸素排出のない発電装置として地球温暖化対策の救世主と見なされ、世界中が積極的に建設を推進してきた原子力発電装置に、原発は怖い、使用には反対、という感情的なレッテルが貼られ世界を風靡した。代わって、自然エネルギーである太陽光発電などの循環型エネルギーに対する関心が深まった。しかし、電気技術史の立場からして、原子力発電の事故を検証することにより、何が問題で、今はその問題をどのように捉え、そこから見えてくるものを知ることが必要で大切なことと考えられる。まずは、福島第一原子力発電所の事故がいかにして進展していったか。その後の一〇年間に何がなされてきたかを検証してゆくことにする。

二〇一一年三月一一日に地震が発生してから津波が押し寄せてくるまでの間に、事故がどのように進展したかは、正確な事実が公表されていないことから、図3―1のように推測される。地震により原子炉は停止され、非常用のディーゼル発電機が起動し、炉心の冷却系が作動したが、津波に伴う浸水により炉心冷却が有効的に行われず、原子炉のメルトダウンへと進んでいった。

外部からの事象	地震発生			津波発生					
事故進展	原子炉停止	外部電源喪失	非常用ディーゼル発電機起動（炉心冷却系）	多重故障および共通要因故障 非常用ＤＧ／直流電流喪失	炉心冷却機能喪失	炉心破損	格納容器破損 原子炉建屋への漏えい	原子炉建屋の水素爆発	環境への放射性物質放出
安全機能状況									
止める	○								
冷やす			○	×	×				
閉じ込める						×	×	×	×

図 3-1

福島第一原子力発電所の事故は、様々な事故調査委員会（政府、国会、民間、東京電力など）が調査・検討し、基本的な事故の事象進展などを整理しているが、その方向性は見えてこない。福島第一原子力発電所の事故は、その地域に降り注いだ放射能のために、地域住民がそこから避難し、一〇年経った今でもまだ帰れない地域も残されるなど、社会的、経済的な影響の大きさに多くの人々は衝撃を受けた。そこには、大きな疑問が残った。一番の疑問は、非常用電源が喪失したことであった。どのような状態で喪失したかが問題ではなく、どのような異常状態でも喪失しないことが、原子炉のメルトダウンを抑える切り札であり、次いで、この電源により冷却水を原子炉に供給し、核反応を抑える装置をしっかりと確保することであった。それが確保されない結果、炉内で水素爆発が起こることになった。

緊急操作が的確になされたとしても、さらに重要

表3-2　2011年以降に廃棄される原子力発電所

廃止措置が決定または進められているもの（廃止措置開始時期）

・東京電力ホールディングス（株）福島第一原子力発電所
　1、2、3、4号機（2012年4月）
・東京電力ホールディングス（株）福島第一原子力発電所
　5、6号機（2014年1月）
・関西電力（株）美浜発電所1、2号機（2017年4月）
・日本原子力発電（株）敦賀発電所1号機（2017年5月）
・九州電力（株）玄海原子力発電所1号機（2017年7月）
・中国電力（株）島根原子力発電所1号機（2017年7月）
・四国電力（株）伊方発電所1号機（2017年9月）
・国立研究開発法人日本原子力研究開発機構
　高速増殖原子炉もんじゅ（2018年3月）
・関西電力（株）大飯発電所1、2号機（2018年3月）
・四国電力（株）伊方発電所2号機（2018年5月）

な要件として原子炉の廃棄問題がある。現在行われている福島第一発電所の四基の原子炉の廃棄はまだ先が見えない状況にあるが、表3―2に二〇一一年から現在までの廃止処理が決まり、廃止措置が始まった原子力発電所リストを示す。その中にメルトダウンした福島第一原子力の解体作業もある。その解体は、日本の最先端のロボット技術等を駆使して、多くの問題を解決しながら進んでいるが、さらに長い時間と新たな革新を必要としている。この解体作業にはすでに一〇年間もの時間が経った。いっぽう、放射能に汚染された地域の除染の限定処理が行われ、人々が帰り来て住み始めている。

日本の原子力発電所は、二〇二一年三月時点で三九基の商業用原子力発電所のうち地元の同意を得て再稼働した原発が大飯（関西電力）、高浜（関西電力）、玄海（九州電力）、川内（九州電力）、伊方（四国電力）の五発電所にある九基が運転中で、原子力関連施設は、新規制基準の審査を通過した三つの施設が運転中である。

電力エネルギーを支えるには、原子力発電についても多くの課題を解決する必要があり、システムの安全性が、技術面、運用面で確立された後に、電力系統への組み込むことが必要であろう。今後、化石燃料がなくなった後には、可能な技術の一つである溶融塩原子炉（現行の改良型軽水炉の次の世代となる原子炉とされる。一次冷却剤に液体溶融塩を用い、その溶融塩に燃料となる核分裂性物質を混合させるのが特徴）の検討も必要であると思われる。常時のエネルギーシステムとして原子力発電に対する期待は小さくないが、それに対して、原子力発電所システムの安全運用は、廃棄処理だけでなく原子炉の解体処理を、海外依存でなく、できるだけ運用地域内で完結（放射能物資の拡散を防ぐ）させることが原理的に求められる。そうなっていない現状を克服し、運用の安全性をさらに高めなければ、将来の供給エネルギーとしての期待は満たされない。総論としては、分散型地域発電を発展させ、そのバックとして原子力が支えることがロードマップの目標になり得るが、この目標の具体化には、さらなる技術革新が必要である。

福島を風化させるな

「福島を風化させるな」とは、早逝されたＪＡＳＴＪ前会長の小出五郎氏が四つの「事故調報告書」の分析作業中に、常に私たちにその想いを籠めて語っていた言葉である。

二〇一一年三月一一日に惹起した福島第一原子力発電所の事故は、二〇〇一年九月一一日のニューヨーク同時多発テロとともに、二十世紀末における世界文明の混迷と退廃が、国際的な政治、経済、社会の「制度疲労」によるものであることを示したといえよう。この事態に対処すべく、世界各地で様々な努力が重ねられている。

しかし、どのような努力が「制度疲労」を修復し、世界文明を混迷と退廃から脱却させるのか、その「解」が、実は「福島を風化」させずにその事象を冷静に分析することから得られるというのが、小出五郎氏の遺志なのではないだろうか。

さらに、一九五六年に社団法人として発足した日本原子力産業会議（現在「日本原子力産業協会」）の専務理事を長く勤められ、同協会副会長として早逝された森一久氏が、『原産　半世紀のカレンダー』（二〇〇二年五月二五日、日本原子力産業会議発行）を「三一の秘話」を含めて編著する一方で、自分とは専門を異にする研究者や技術者が、日本の原子力開発史をどのように紡いできたのか、その分析を求めていた。

電気技術者は何をしたか？

これらの遺志を背景に企画された電気学会の「日本における原子力発電技術の歴史に関する調査専門委員会」（ＮＤＨ）は、三年にわたる活動の成果を電気学会技術報告の第一三五六号『日本における原子力発電技術の歴史』として、二〇一六年五月に発刊した。

その要旨は、以下のように記されている。

「本報告書の**目的**は、深刻な事故を起こした軽水炉の安全性に係る技術開発を中心に、その発展の歴史的事実を、文献や関係者の証言に基づいて整理するとともに、その社会的文脈も含めて、歴史からの教訓を導いて、今後の原子力発電のあり方を考える上で参考となる知見を提供することである。本報告書は、福島第一原子力発電所事故そのものの分析や原因究明を目的とするものではないが、事故のもたらした影響の大きさを考慮して、安全に関わる技術を中心にその歴史に焦点を当てた。

本報告書の**構成**は、歴史的事実の客観的整理を行った後、技術開発の担い手であった、研究機関、産業界、政府の三つのアクターに焦点を当て、それぞれの立場から開発の歴史を振り返る。その焦点は、福島事故の反省に基づく視点であり、客観的事実を踏まえつつ、各アクターから見た「歴史からの教訓」を記述した。

また、原子力開発の発展に影響を与えた社会・政治・経済的要因にも焦点を当てる。**テーマ**としては、第一に米国の原子力・核不拡散政策との関連、第二に世論やメディアとの関連、第三に学会や科学者・工学者の社会的責任の三つを扱った。

最後に、これらの教訓を踏まえ、今後の原子力発電や技術開発にとって重要と思われる視点を**提言**として以下を挙げた。

①研究機関が自律的研究を進めるよう多様性を重視し、将来の選択肢を狭める制約は排除。②。基礎基盤研究は、安全のみならず将来のイノベーションを確保する意味でも重要。③失敗体験のアーカイブ化。④研究者個人の行動規範・倫理要綱を徹底。⑤科学技術のみならず、社会・経営・政治を含めた総合的安全文化の向上。⑥メディアを含む、第三者的評価機関等、社会的チェック機能の充実。⑦社会のニーズや倫理面も含めた社会的影響をあらかじめ評価するテクノロジーアセスメント（TA）制度の導入」

しかし、技術報告第一三五六号には、「原子力ルネッサンス」を僭称して、ひたすら「原子力平和利用」が推進された背景で、その陰にひそむ「グローバルコンテクスト」として認識さるべき核兵器を核とする覇権国の戦略は、タブーとして触れられることはなかった。

できたこととできなかったこと

小出五郎氏や森一久氏の遺志を継ぐうえで、世界文明を混迷と退廃から脱却させるべく、「福島を風化」させずにその事象を冷静に分析することから、「制度疲労」を修復することの「解」が得られるといわれても、社会的にも小さな専門集団である電気学会には、できることとできないことがあるのは当然である。

ＮＤＨは「技術バカ」の誇りを回避すべく、歴史、国際、倫理といった視野に立ちつつ、電

図 3-2　白煙を上げる福島第 1 発電所

（Wikipedia より）

気技術の専門性に立脚して、日本における原子力開発の問題点について安全性を軸として歴史的に分析することとした。

電気学会が作業を開始したのは二〇一〇年で、大学、研究所、電力会社、電機会社にジャーナリストを加えた委員会の準備会を同年末に終え、二〇一一年四月にその第一回開催を予定したところで、「3・11」に遭遇した。そこで電力会社所属の委員は「参加辞退」を示唆し、これで「発電技術の歴史」が調査研究できるのかという深刻な事態に直面した。しかし、「捨てる神あれば助ける神あり」で、委員会の設置趣旨の一部改正を含め何とか作業が開始されたのが二〇一二年一月であった。

作業内容は、上記「要旨」のとおり、各アクターの委員が自らの知識と見解を基に報告書の原案を起草し、委員会でそれらの整合性を図りながらまとめて行くというものであった。ここで問題のひとつとなるのは、電気学会の『技術報告』が維持すべき「枠組み」である。福一事故に対する学会としての対応は、NDH報告書の「追補」にあるオーラルヒストリー（聞き取り調査）のなかで電気学会元会長が指摘するごとく「不作為の作為」であるという批判にもかかわらず、報告書に記載される見解が「統一見解」と取られる虞を回避したいというものであった。したがって、原発是か否かの即答を得たい者には、NDH報告書はほとんど役に立たない。逆に、上記の「要旨」にもあるごとく「今後の原子力発電のあり方を考える上で参考となる知見を提供する」うえで、参考とすべき歴史的事実を取捨選択して整理してあるという意味では、いろいろな立場の者による冷静な検討の材料は提供できたものといささか自負している。

これから如何するか?

「福島は風化しているか?」と問われれば、「風化させようと必死に隠蔽を含む操作をしている人がいる」という答えや、「風化させないための努力を惜しまない人が少なくない」という指摘もある。二〇一九年に沖縄で開催された電気技術の国際会議（ICEE）では、奇妙にも興味ある事実が見られた。二〇一八年の香港大会では、「今後原子力開発をどうするのか?」という問いに対し、中国の研究者は膨大な開発計画をもとに、安全確保について「福一事故」

を詳細に検討した上での改善策を盛り込んだ設計図を提示した。韓国の技術者は古里発電所の事故に伴う増設計画の困難を乗り越えるべく決意を表明した。香港の研究者は、発展途上国など国際的にみた原子力の必要性を指摘した。ところが、二〇一九年の沖縄大会では、ソーラーを中心とする自然エネルギーによる「地産地消型」のエネルギー供給が、沖縄のような離島など孤立的な地域での電力生産やその供給と消費にいかに有効かという論文が多数発表されるいっぽうで、原子力の「げ」の字も見当たらなかった。

国際的に電気技術者の間では、企業の方針に縛られた一部の者を除き、もはや原子力発電は過去のものとなった感がするといっては言い過ぎだろうか。今や、日本の電気学会の一部が、原子力に依存するかしないかに拘らない電力生産やその供給と消費の構造（システム）をいかに構成するべきか検討しようとする動きを始めている。本書はその一部を基に構成されている。具体的には、「電力自由化」を契機とする小規模な「省エネ型福祉共同体」（Socio Energy Community）構築の道のり（Road Map）を歴史的事実の反省に学びつつ明らかにしようとしている。そこでは、例えば、電力系統の構成や電気料金のあり方を電気技術の専門家にのみ任せず、共同体のあり方を考える市民やジャーナリストを交えた集団の合意によって作り上げていこうとしている。これは電気技術の専門家が社会的に貢献するひとつの途として、「制度疲労」の修復を図ろうとするものである。

電気学会による聞き取り調査

電気学会の調査専門委員会（日本における原子力発電の歴史・NDH・二〇一六年五月）は、その調査の一環として聞き取り調査を実施した。その中で、原子力技術の自主開発や電気学会とジャーナリズムの3・11対応に関し、関係者の語るものの記録を以下に示す。

①武田充司（日本原子力発電元常務）

自主技術の開発

電気学会の調査専門委員会（NDH）が実施した聞き取り調査において、日本の商用原子力発電所第一号である東海発電所の計画・建設・保守運転に従事した武田氏は、次のように述べた。

「3・11を経過し、振り返ってみると、日本の原子力発電実用化の当初、充分な技術検討をなすべきときに性急な商業化に走ったところに、福一事故の根源的な要因があった。英国のガス炉から米国の軽水炉へと転換してゆく過程で、費用を度外視してでも技術を習得するというやりかたではなく、米国原子力技術を丸ごと導入する雰囲気に変わっていった。その結果、適用する技術に自ら責任を負うという考え方が醸成されなかった。そして、自前の技術を開発熟成してゆくために不可欠な導入技術への批判的な検討が行えず、『安全神話』による自縄自縛に陥った。今後、再処理や高速炉の開発に関しては、"Design by Consensus" というやり方ではなく、自ら責任を負うものに開発を委ねるようなやりかたをしない限り「本物」の原子力技術開発はできない」

この聞き取りに先立つ二〇〇二年に、武田氏は電気学会研究会で論文（参考文献：武田充司「商用原子力発電所第1号―東海発電所」電気学会研究会資料、HEE-02-19, 2002.）を発表したが、その中で東海発電所の計画・建設・保守・運転の過程における技術の導入や自主開発を巡る状況や体験を極めて示唆に富む筆致で述べた。

例えば、導入技術の評価について技術の提供側と受け入れ側との関りについては、「国が開発した基本技術を民間に移転して、民間のメーカーがそれを使って大型プラントを一気に設計してしまうという英国流のやり方は、理屈としては合理的で理解できるのだが、リスクの大きな方法でもあった。自分で開発研究を手がけていないメーカーの専門家が、どれほど深く基本技術の本質を理解して使っているのか不安があった。一方、評価する我々の側は、火力発電技術の経験以外には、原子力発電プラントの評価に役立つ知識や経験はもっていなかったから、三社から提出されたテンダーから学びながら考えるという状態であった。そのため、英国各社には膨大な数の質問が発せられ、彼らはそれに根気よく回答する必要があった。しかし、彼らの回答を読めば、むしろ問題の理解が深まって、より本質的な疑問が数多く湧いてくるため、ますます多くの質問を発するという循環現象が生じた。こうした事態は、我々の側にだけに原因があったのではなく、英国側の秘密主義にも責任があった」と述べている（HEE-02-19, p.3/6）。

これは知的財産の移転に関して必ず起こる問題で、法的な対応と現場の技術者間の対応に興味深い「差異」があることである。筆者も佐久間周波数変換所の建設にあたりスウェーデンから交直返還技術の導入に従事したが、室内で行われる打ち合わせは契約に厳格に従うが、機器装置を目の前に置いた現場では、仕事を上手く運ぶための協力に重点が移り、結果的に技術が交流するのである。その背景には現場技術者の信頼と友好関係が存在する。

さらに、商用プラント開発プロセスの特徴について武田氏は、当時の状況を踏まえ東海発電所で技術者が次のように対応したと述べている。

「大型動力炉開発に対する当時の単純な認識と国際競争に勝つための開発の加速から、実験炉（基礎実験）、原型炉、実証炉、商用炉という開発プロセスを踏まず、原型炉段階から一挙に商用炉の設計へと進んでいだ。そのため、経済性向上を狙った新技術の採用、プラント設計の合理化、主要機器の大型化などが実証試験を経ずに実行された。その結果、東海発電所では様々なトラブルに見舞われ、我々はそれらの経験したことのない問題の解決に立ち向かわなければならなかった。しかし、皮肉にもこれが日本の技術力向上に役立ち、若い技術者に自信を与える結果となった」（HEE-02-19, p.4/6）

また、緊急時炉停止装置に関し、次のような「自主開発」が行われた。

「原子炉の耐震性強化は六角格子の採用で解決したが、原子炉の安全性議論では、設計上は考えられない大地震で炉心が歪んだりした場合でも、原子炉は停止できることを求められていた。この場合、東海炉で心配されたのは、鋼製の長い制御棒が挿入される黒鉛ブロックに開いている垂直の孔が歪んだり閉塞して、制御棒が落下しても炉心に挿入されない事態である。これも地震国日本に特有な問題であり、我々自身で工夫する必要があった。そこで考案されたのが、中性子吸収物質ボロンを含む鋼球（パチンコの玉ほどのもの）多数を炉内へ落下させるというシステムであった。これならば、たとえ制御棒の挿入ができなくても原子炉は停止できる。このシステムは当時の原電社員が発明し、のちに英国でも採用されるようになった」（HEE-02-19, p.5/6）

このような現場で得られる知恵と知識とは、具体的な技術が異なっても、技術者の立ち居振る舞いとしてはいかなる時と場合にも、それに応じて活用し得るものである。今、原子力技術の現場では、諸情勢の下で混迷と混乱とが渦巻いているが、その中で懸命な努力を重ねている若き研究者と技術者たちは、武田氏のような方から直接生々しい話を聴くことで、知識や知恵だけではなく「オーラ」のような逞しい気力を受け取ることができる。是非、その機会を得ることを勧める。

参考文献

武田充司「商用原子力発電所第一号―東海発電所」電気学会研究会資料、HEE-02-19, 2002.

②原島文雄（電気学会元会長）

不作為の作為

電気学会の調査専門委員会（ＮＤＨ）が実施した聞き取り調査において、電気学会元会長の原島氏は次のように述べている。

「人類が歴史的に遭遇してきた『災害』のなかで大規模なものは、戦争・疫病・台風・飢饉などであるが、これらへの対策は一応確立している。自然災害の被災者は、阪神・淡路では火災による焼死、東日本大震災では津波による水死のような『人災』ともいうべく、然るべき対策が事前になされていれば、被災を免れることができるものである。しかし、東日本大震災のごとく千年に一度程度の頻度で起こる災害への対応は未確立である。人類は、短期的災害のみにしか、関心を持ってこなかった。

では、原子力災害についてはどうか。人類は、公害を含む『産業災害』には対応してきたが、原子力ほどの高密度エネルギーを扱うことに習熟していたとはいえない。いま、我々が福島事故から学ぶべきことは、以下のとおり。

① 自然と文明との調和に失敗したこと
② 歴史と考古学に学ぶこと
③ 地震地帯に原発を置かないこと

④災害から解放された共同体への長期展望を持つこと

これまで大学がなしてきたことを反省すると、地震予知や津波分析に努力したが、実効は得られていない。耐震設計は、それなりの効果が得られている。原子力技術者は、政府や事業者のためには働いた。今後のために、教授陣は、政策に提言をなし、大学は政府から独立すべきである。さらに、大学人は『批判的思考（critical thinking）』に立ち戻り、『多様性（diversity）』の欠如が、災害を起こした要因の一つであることを認識すべきである。

電気学会には『倫理綱領』があり、会員がその定めるところを実践していれば、福島事故を防げていたのではないか？　しかし、電気学会が3・11災害に直面して取った態度は、加害者ではなく、被害者、多くの者は『部外者』というものであった。これは願望と予測を混同した『不作為の作為』というべきものである」。

③柴田鉄治（朝日新聞元論説委員）

科学ジャーナリズム

電気学会の調査専門委員会（ＮＤＨ）に対する意見陳述において、朝日新聞元論説委員の柴田氏は、次のように報告した。

はじめに

理科少年として育ち、地球物理を専攻した私がジャーナリズムへの途に進んだ理由は子ども時代の「戦争体験」にある。つまり、日本があの戦争に突入した原因は、戦前ジャーナリズムが「死んだ」からだと知って転身したのである。

日本の科学ジャーナリズムの産みの親は原子力であり、育ての親は宇宙である。科学報道元年は一九五七年で、この年、南極に昭和基地ができ、東海村の原研一号炉が臨界に達し、さらに、宇宙にスプートニク1号が打ち上げられた。

第一の失敗

一九五四年の国連における米大統領の「Atoms for Peace」演説を受けて日本でも原子力開発が始まったが、原子力に対する世論は、「新聞は世界平和の原子力」という新聞週間の標語にみられるごとく、軍事利用は「悪」、平和利用は「善」と割り切って、平和利用にバラ色の夢を託した。もとより、科学ジャーナリズムは、原子力の「負」の側面に警告を発するべきものであったのに、これを怠ったことが、原子力報道における最初の失敗であった。

第二の失敗

一九七〇年代に入り、「月から見た地球」の写真と共に地球環境問題への意識が高まり、原子力についても「トイレなきマンション」といった厳しい批判が生まれ、対立の時代に入った。ところが、メディアの中には、推進側を科学部が、反対派を社会部や地方部が担当するという奇妙な「分業」が行われて、科学ジャーナリズムの中に反対派の主張を「非科学的だ」と強調する動きがあり、これが結果的に「原子力ムラ」による「安全神話」の流布を許すことになった。これが第二の失敗である。

第三の失敗

一九七九年の米TMI事故、一九八一年の敦賀事故、さらには一九八六年のソ連チェルノブイリ事故とつづき、原子力に対する「世論の揺れ動き」が顕著になった。そのうえ、当事者側の「事故隠し」が次々と明らかになるにつれ、原発批判が高まったにもかかわらず、原子力推進の国策は不変であり、世論と政策との乖離が大きくなった。このような局面でこそ、科学ジャーナリズムがその専門性を生かすべきであったが、それができなかったことが第三の失敗である。

第四の失敗

チェルノブイリ事故は、他の要因とも重なって、ソ連邦の崩壊を促した。また、「異端を排除する組織は衰退する」の格言通り、反対意見を排除した「原子力ムラ」は、しだいに独善に陥り、そのうえ当時の通産省がＪＣＯ事故のあとの省庁再編の機会を捉え、推進も規制も独り占めにする「原子力安全・保安院」を二〇〇一年に設置して、チェック機能も弱まった。こうした状況の下で、「貞観（じょうがん）大津波」に関する研究結果や、米国からの全電源喪失への警告、ＩＡＥＡによる安全指針の見直しなどが軽視されていたことに科学ジャーナリズムは的確な批判ができなかった。これが第四の失敗である。

第五の失敗

二〇一一年三月の福島第一原発事故以降の原子力報道は、そのほとんど全てが失敗だった

4つの「原発事故調」を比較・検証する
福島原発事故 13のなぜ？
日本科学技術ジャーナリスト会議
4事故調報告書 比較表
Q.01 地震か津波か？ なぜ直接的な原因が不明なのか？
Q.02 ベントは、なぜ遅れたのか？
Q.03 メルトダウンの真相は？ なぜ発表は遅進したのか？
Q.04 事故処理のリーダーは、なぜ決まらなかったのか？
Q.05 東電の「全員撤退」があったか、なぜはっきりしないのか？
Q.06 テレビ会議の映像に、なぜ音声がないのか？
Q.07 なぜ「原子力ムラ」は温存されたのか？
Q.08 なぜ個人の責任追及がないのか？
Q.09 住民への情報伝達は、なぜ遅れたのか？
＋放射線被曝情報の誤解と混乱は、なぜ生じたか？
Q.10 なぜ核燃料サイクル問題の検証がないのか？
Q.11 原子力規制への提言が報告書によって違うのは、なぜか？
Q.12 なぜ4報告書がこのまま忘れ去られようとしているのか？
Q.13 なぜ4報告書には「倫理」の視点が欠けているのか？

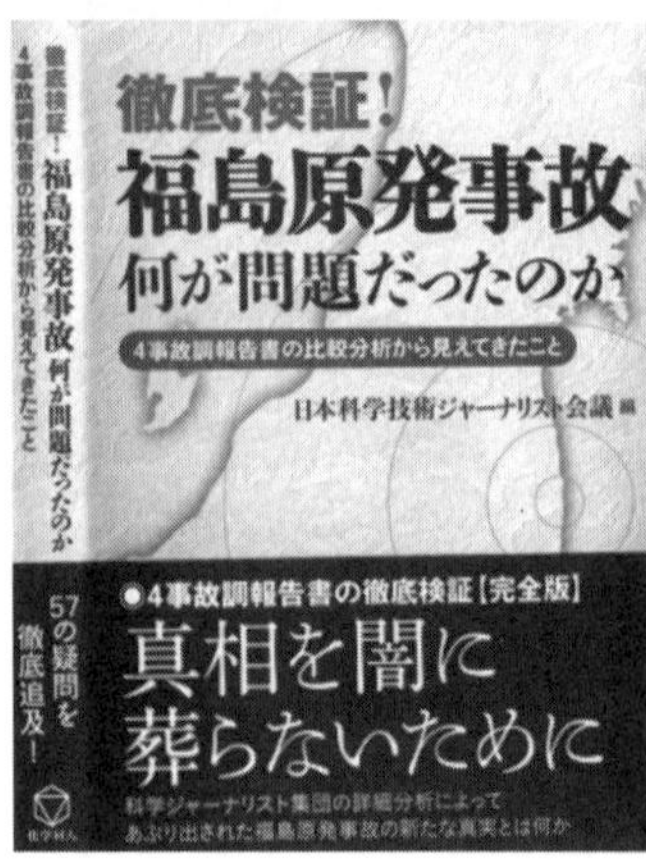

といっても過言ではない。現場に肉薄せず、政府・東電の発表に依存するさまは、まるで戦前の「大本営発表」のようだという声まで渦巻いた。さらに、地域住民には「いま直ちに人体に影響はない」と報じながら、自社の記者には「危ないから現場に入るな」と命じるなど、ジャーナリストの倫理に悖るものであった。

失敗に学ぶ道

こうした失敗の反省の上に立って、各メディアとも過去の原子力報道の検証記事を報じ始めたことは歓迎すべきことである。

日本科学技術ジャーナリスト会議（ＪＡＳＴＪ）でも、福島事故に対する四つの事故調査報告書を比較分析し、「何が起こったのか」「どうしたら被害をもっと小さくできたのか」「責任を取るべきなのは誰なのか」などの点について、二冊の報告書をまとめ、四つとも核心を衝くものがないことを明らかにした。

また、メディアが現場に入らなかったことに対しては、職務命令を無視して事故直後に現場に突入し、「ネットワークでつくる放射能汚染地図」という優れた番組を制作したＮＨＫの取材班に「科学ジャーナリスト大賞」を以て顕彰した。さらに、これからの課題としては、再び世論と政策とが乖離しそうな中で、世論と政策決定を媒介するものとしてジャーナリズムの役割をどう確立するか、という問題があるが、原子力をめぐる新聞論調が二極分化しつつあるなか、それはなかなかの難題である。

事故調査委員長は語る

3・11とは何であったかに関し科学技術ジャーナリスト会議（JASTJ）の有志は、当時の関係者にインタビューを実施した。以下の①〜④は、事故直後にその調査報告書が「政府」、「国会」、「民間」、「東電」の四箇所からも出されるという状況に同会議の有志が疑問を抱きながら、その比較・検証を出版するに当たって実施したものである。それらの詳細はJASTJのHPを参照されたい。ここではそれに立ち会う機会を得た筆者の個人的な印象を述べるに留める。

①「政府」畑村洋太郎委員長

「政府事故調は、失敗に学ぶためには何をなすべきかが全く理解されないまま、膨大な資料の蒐集に終始して終了した」というのが、畑村氏の無念の想いであった。これは「失敗学」に関する多くの著書や数多くの講演会の内容が、「物好きな人たちにしか届かなかったようだ」といういささか自嘲的な言葉のなかにも聴こえたが、実はその背後にあるものとして、日本の現状が示す政治的、社会的、さらには、文化的な欠陥に対する厳しい批判がある。

日本人が体験した失敗

畑村氏の所見によれば、日本の技術はその多くが海外から伝来したもので、それらは失敗の経験を踏まえた上で完成されたものであったため、それらを受け入れる上でその本質的な部分での「失敗」を克服する方法を学ぶことはなかったのである。原子力発電に関しては、ＴＭＩやチェルノブイリの事故が、その本質に関わるものであるという認識が不十分であったため、福島の炉心が溶融するような事故への対応を用意できていなかったというわけである。

畑村洋太郎氏。
2017年10月2日 ©JASTJ

日本における技術の本質に対する問いかけは、太平洋戦争前後に於ける価値観の変化などを背景に、三木清、武谷三男、星野芳郎等による思考や論争の深まりのなかで、海外のそれに劣るものとはいえないものがある。ただ、原子力技術に関しては、核戦略に関する国際情勢のなかで、その本質論議が制約されたものになっていることは否めない。しかし、原子力技術の現場で作業する技術要員が、福島の事故復旧作業を含め最善の努力をしてきたことは事実である。ただ、福島の事故がもたらした影響の大きさは、技術の範囲を超えて、政治的、経済的、社会的なシステムの範疇に拡大しており、国際的な状況を含め、そのシステムが二十一世紀に入り「制度疲労」を起こしていると指摘されているなかで、技術者は何をなすべきか、失敗から何を学ぶべきかが問われているのである。

失敗は恥ずかしいことか

日本のある会社で技術を担当する役員が口癖としていたのは「失敗は許されない」という言葉であった。それは彼の部下たちが、慎重な配慮と万全の準備とを以って仕事を進めることへの注意を喚起するものであった。しかし、技術には失敗がつきものである。そこで失敗が起きた時、彼はどうしたか？　まず部下には「安心しろ。責任は俺がとる」となだめる一方で、一刻も早くその失敗を修復するよう指示した。その背景には、失敗の修復が次の発展をもたらすという事実への信念があった。別の会社では、「落ち穂拾い」という言葉で、この信念を仲間で共有し、後世に伝えてきた。

その一方で、この役員がやるべきことは、この失敗を当面内部に留め、その修復が成功した暁に、それを次なる技術発展の「成果」として公表することであった。世に言う「災い転じて福となす」わけである。これを「隠蔽工作」として批判することは易しいことだが、果たしてそれが「世の公正」を図る道かどうかは、別の価値判断もあり得る。そのいっぽうで、失敗を犯したという自責の念にさいなまれ屈辱を味わっている「人間」に、次なる発展を目指して立ち直る機会を提供するうえで、この批判がいかなる効果を生むかも明らかである。失敗が、恥ずかしいことで済まされてしまっては、これに学ぶ道は極めて狭いものとなる。

この役員の失敗への対応は、高度成長の中では有効に機能してきたといえる。しかし、安定成長のなかで情報化の時代を迎え、「隠蔽工作」など直ちに暴露されるようになると、そうも言っていられない。ただ、この役員が次にとった行動は、この会社の五〇年に及ぶ技術的成果を、「失敗の修復」を含め、詳細な事実として記録し、新しい時代を迎えるにあたり、この「歴史」から何を学ぶべきかを分析し、そこに「夢は困難を克服する」とのメッセージを籠めて技術史「先達に学ぶ」を編纂したのである（参考文献：電源開発株式会社、工務部門―技術史―『先達に学ぶ』一九九八年）。これは新入社員研修資料として、その後二〇年にわたり活用された。そこに籠められたもう一つのメッセージ「歴史に学ぶことは未来に責任を担うことだ」が、果たして次代を担う若者の胸に響いたかどうかは、さらに二〇年経たないと判らないかも知れない。

過ちは水に流して許す

失敗を恥ずかしいことで済ますことなく、その修復が次の発展をもたらすという事実への信念に基づき、それを次なる技術発展の「成果」として公表するというのは、技術者仲間同士がお互いを守る手段でしかないという指摘には、それなりの妥当性がある。いっぽう、これは日本人が古来胸に抱いてきた大らかな文化的心情に根差す「過ちは水に流して許す」というものだという見方もある。

ここで「人災」といわれる福島事故に対し、誰もその責任を問われないという異常事態が惹起する理由は、「過ちは水に流して許す」という日本人の大らかな文化的心情にあるという見方は、本当だろうか？　技術的に大きな悪影響を及ぼした事故原因となる失敗を償わせる「業務上過失傷害罪」などはもちろん、「武士道」にあるように人生の道に外れた行いに対して「切腹」といった厳罰を課することが、日本の文化のなかで、自己批判の行為としても、厳然として行われてきたという事実は、全ての過ちが「水に流される」ものではないことを示すものといえよう。福島事故が「人災」であるだけに、「その人」が罪を免れることにより自らの罪も免れる人々が少なからず存在し、彼等が「その人」の責任を問わないように図っているということは、もはや公然の秘密といってよい。

事実を事実として尊重すべき技術者が、その倫理観を正当に維持するうえで、このような現実を承認できないのもまた当然のことではある。残念ながら、現状はそのような技術者の数が限られたものであることを示している。先の畑村氏の言葉を借りれば、「そのような物好きな人たち」の数が限られたものだということである。

ただ、未来に夢を抱かせるのは、例えば、電気学会などで策定された「倫理綱領」とそれに付随する「行動規範」に基づき、技術者倫理に関する「事例集」が編纂されており、各大学の教科書として活用されているという事実である。当面は、それを指導する世代が、幸か不幸か、あまり倫理を問われずに研究者や技術者の生涯を生きてきたためもあり、技術者倫理の本質に迫る教育を実践できていないうらみがある。もっとも、時代と共に倫理の本質に迫る経験を積んだ研究者や技術者が、その次の世代と技術者倫理について語り合うようになれば、明日の社会に大いなる期待が寄せられる。

②「国会」黒川清委員長

「事故調は、その仕事を終えた。後は、皆さんがその内容をいかに読み、何をなさるかが問題なのです」というのが、黒川氏の基本的な構えであった。この言葉は、「その後の状況をどのようにご覧になっておられますか」という質問を一見はぐらかすもののように聞こえた。しかし、実はその背後に、日本の現状が示す政治的、社会的、さらには、文化的な混迷と退廃に対する厳しい批判があった。

単線エリートの陥弊

黒川氏の所見を得るべく伺った者の心のうちに、事態解決の方策を無責任な人任せといわぬまでも、識者の権威に委ねようとする「甘え」があったのは事実である。「人災」といわれる福島事故に対し、誰もその責任を問われないという異常事態が惹起する理由は、日本社会に厳として存在する「単線エリート」にありと、黒川氏は指摘する。官僚組織の縦割り構造、学問研究社会の「家元制」、終身雇用制に基づく企業の人間関係といったものの単線的な構造が、問題解決のための視野を狭め、多面的な分析と対応を阻んでいるというわけである。

一九五〇年代から七〇年代まで三〇年間の日本は、衣食住が物質的に満たされた「豊かな社会」を目指すという明らかで共通な目標に向かって努力するなかで、幸か不幸か、「単線エリート」の良い面が効果的だったとの指摘である。しかし、八〇年代からの四〇年間は、精神的な豊かさを見失って、混迷と退廃の弊害に陥っているというわけであろう。さらに事態を悪化させているのは、「みんな判っているのに、現状を放任している」という無責任が横行していることである。問題に直面している人が上げる苦しみや悲しみの声を「他人事」として見て見ぬふりをしている人がいかに多いことかと、筆者は懸念している。

日本民主主義の未熟

国民生活に未曽有の甚大な被害を及ぼした事故に対し、その原因を調査分析し対策を講じるために政府から独立した作業組織を立法府に設置したのは、日本において「国会事故調」が初めてのことだが、合衆国では、旧くリンカーン大統領がＮＳＡ(National Science Academy)を設置して、政府から独立した機関として科学の発展を奨め、その成果を政府に諮問するよう要請した例があると黒川氏は指摘した。

国会事故調が提言した七項目の最初にある「規制当局に対する国会の監視」について、国会内に委員会設置の動きがないのに、何ら実現への具体的作業が進展しないことは、日本民主主義の未熟を示すものといえる。また、他の工場災害などの事故に際し、警察が訴訟に備えて直ちに証拠保全のために立ち入るのに対し、福島事故ではそれがなされておらず、福島市民による損害賠償請求訴訟に対しても、司法当局が行政におもねっていると見られても仕方がないような対応するというのも、また、日本民主主義の未熟を示すものといえよう。

提言5の「新しい規制組織の要件」について、原子力保安院が改組されて、原子力規制委員会が発足したものの、それが提言の内容を反映したものとは言い難いと黒川氏は指摘した。特に、技術的な観点から事故の原因やその対策が明らかであることを基にした提言が受けとれず、具体的な対策が講じられていないのは、民主主義の未熟といった大きな問題以前に、日本の現状が示す政治的、社会的、文化的な混迷と退廃をもたらしている行政の仕組みがあるからと筆者は考えている。

黒川清氏。
2017年11月11日 ©JASTJ

コラム「空気の研究」その２

事故調査委員会の提言が「棚上げ」され、目に見える実行が為されていない所以も　また「空気」のなせる業と言えよう。ただ、この空気に便乗して責任逃れに走る輩が、政治家、経営者、官僚、そして御用学者の中に数多蠢いているおぞましさに、目を覆いたくなる諸賢は少なくあるまい。空気の持つ非合理性が、合理的追及を見事に回避させるのである。

もとより、ジャーナリストには、権力者の責任逃れを阻止する役割があるはずである。けれども、黒川委員長は、ジャーナリストがその役割を放棄し、インタヴューイーに権力者の責任逃れを語らせようとしていると指摘された。まさに見事なカウンターパンチである。ジャーナリズムが果たすべきもう一つの重要な役割は、合理的な判断を理論倒れにせず、それを実現する非合理的な力を生み出すことである。「空気の研究」が指摘しているように、人々は百万言を聞くより一枚の写真を見て反応し行動するのである（p.231）。今やメディアの中でも映像を扱うものの影響力が増している中で、その多くが行政権力に忖度し、その責任逃れを助長している。ジャーナリズムは、その鼎の軽重を問われている。

霧深く重き空気に責逃れ　（青史）

自分の問題として

提言の内容がしっかりと受け止められず、具体的な対策が講じられていない理由の最大のものは、国民一人ひとりが問題を自分のものとして受け止めていないことだと黒川氏は指摘した。提言が実施されない理由を行政の批判に終わらせるのではなく、民主主義社会において行政を動かすのは国民一人ひとりの判断に基づく行動にあるという認識に立って、具体的な行動を起こそうではないかと黒川氏は呼び掛けているように見える。

ただ、未来に夢を抱かせるのは、問題を自分のものとして考え、行動しようとする若者が少なからずいることである。具体的には、「判り易いプロジェクト」(国会事故調編)というビデオづくりに共鳴して、この作業に参加している若者がいるという。そういう若者が創り出す明日の日本に、大いなる期待が寄せられる。

③「民間」船橋洋一プログラムディレクター

「民間事故調は、合衆国における事故調査の実績を参考にして『真実、独立、世界』をモットーに、『ネバー・アゲイン』の教訓を学ぶことを目的として、公共政策の遂行と政府のパフォーマンスの検証と評価を民間の立場で行った」というのが、船橋氏の基本的な想いであった。その結果として、他の報告書に比べ極めて特色のあるものが作成された。

グローバル・コンテクスト

まず第一の特色は、広くて深い国際的な視点と分析である。文章表現としてカタカナ英語が多く、その意味を的確に理解することは容易ではないが、原子力発電所の事故を複雑な国際情勢のなかに位置づけるという「グローバル・コンテクスト」は、国際派である船橋氏ならではの視点といえよう。その分析の具体的基盤は、日米原子力協定にある。第二次世界大戦の英雄としての名声を背景に合衆国大統領となったアイゼンハウワーが、国連総会で行った「原子力平和利用」を推進すべきとの演説が、合衆国の核戦略をオブラートに包み、世界各国の産業政策のなかにそれを組み込むものであったにもかかわらず、その裏を見抜けなかった日本のジャーナリズムはその演説を持て囃し、原子力発電がその後の「高度経済成長」を推進するエネルギー源となったこともあって、日本の原子力は「安全神話」の下にひたすら開発の一途をたどり、そのリスク管理は全くといってよいほどないがしろにされてきた。

民間事故調はこのような事態への批判を踏まえ、その教訓の中から未来へ向けた「レジリエンシー（復元力）」を得ようとしている。事故の重大性が国際的な広がりを持っていることから、民間事故調は「日米調整会合」の例をあげつつ、それが幾多の欠陥を克服しながら事故に対応し、何とか「日米同盟」が維持されたと指摘している。しかもなを、それらの欠陥を国際的な枠組みのなかで補正してゆくことが、「復元力」の重要な要素であることも指摘している。

第二の敗戦

第二の特色は、日本が国際戦略の欠如から太平洋戦争の敗戦を迎えたことへの反省が、全くといってよいほどなされていないことへの厳しい批判である。民間事故調の報告書を裏付けるかのごとく上梓された『原発敗戦――危機のリーダーシップとは』（文春新書、二〇一四年）という、いかにも船橋氏らしさが横溢する書物にそれをみることができる。日本記者クラブが主催した民間事故調報告書発表記者会見が『福島原発事故』に学ぶ危機管理とガバナンス」を掲げていたことにも、この問題意識が強く表れている。

船橋氏は『原発敗戦』の「はじめに」で、「福島事故は日本の『第二の敗戦』だった。私たちは、福島原発事故とその悲惨な結果をあえて敗戦と見なすことから再出発すべきなのだ」と述べている。「第二の敗戦」という言葉は、かつて、江藤淳が異なるコンテクストで用いていたこと

コラム「空気の研究」その3

「空気の研究」では、太平洋戦争末期に、作戦会議でその状況から何の戦果も上げられないと判断されていたにもかかわらず、戦艦「大和」が出撃したことについて、当時、誰も空気の拘束から脱却できなかったという指摘をしている。戦後70年を経ても「原子力発電所に炉心溶融事故は起こらない」という「安全神話」を信じて疑わないという空気が関係者を拘束し、福一事故の結果が想像を絶するものとなり、これが「第二の敗戦」と呼ばれる所以となった。しかも、この空気の力に係る反省がなされることはなく、それに対する方策も講じられず、したがって、さらに10年後の今日、COVID-19への対応ぶりが「第三の敗戦」となっている。(注:「日本の敗戦」『文藝春秋』2021年4月号)

ただ、この間　誰も何もしなかったわけではない。いくつかの対策会議が設置され、臨時措置法も制定された。諸機関からの提言もなされている。密かな動きとしては、国際情勢の情報収集と分析に不可欠なインテリジェンスの強化が図られており、街には監視カメラが多数設置され、収集された情報の分析機能も進歩している。問題は、「言葉がどのように実行されるかであり、情報の収集と分析を誰がどのように実施するか」である。ここで第一第二の敗戦をもたらした空気の拘束から脱却できなければ、日本は第三の敗戦に見舞われ、三千年の歴史と伝統を消滅させることになりかねない。

汗匂ふ空気再び負け戦　(青史)

から誤解されかねない用語ではあるが、強いてそこに共通性を求めるとすると、「第一の敗戦」も「第二の敗戦」も共に合衆国の核戦略がもたらしたものであり、その結果は、共に倭（やまと）の民草が二千年の時を懸けて築きあげてきた歴史的・文化的伝統を破壊しているということであろう。それは「万葉民主主義」とも呼ばれる社会構成である。『万葉集』には皇族から防人や売春婦に至るまでの和歌が集められていることに示されるように、庶民も貴族もそれぞれの持ち味を活かして生活する多様な社会が当時構成されていたのである。その生き様は、自然の災害とは闘うことなく、「三十六計逃げるに如かず」で自らの命を守ることである。もちろんこの生き様が近代社会の複雑な国際情勢の中で「戦略」たり得るとは、さすがにいえないかも知れないが、船橋氏は、ここで何とアイゼンハウワーの言葉を持ち出す。曰く、「戦闘において、プランは全く役に立たない。しかし、プランニングは不可欠である」。そうしたうえで、船橋氏曰く、「日本人ほどプランをつくることに熱心なのに、プランニングは苦手という国民も珍しいのではないか」（『原発敗戦』一五一ページ）。

それでは、どうしたら良いのか？

『原発敗戦』の第四章には、『失敗の本質――日本軍の組織論的研究』を共著した一橋大学名誉教授の野中郁次郎氏との対談が含まれている。そこで危機管理とガバナンスに関連し、「チャーチルほど将来のことを当てた人はいない」という評価が紹介され、その方法論は“Study

History" という二つの単語で表現されるとしている。戦闘や事故処理といった危機管理の現場では状況が絶えず変化し、そのなかで、何をなすべきかを即断してことに当たるわけで、その答えは必ずしも論理的ではありえない。しかし、その答えは、観念や分析によるもの言うよりは、試行錯誤の繰り返しの中で得られるものなので、いわば帰納的な現場主義といえる。それだけでは全体の状況判断が難しく、大局的な理想に至る演繹的な道程と大きくかけ離れてゆくことになる。この過ちを避ける途が「理想的なプラグマティズム（実用主義）」で、これこそリーダーシップにおいて重要なことだと野中氏は述べている（『原発敗戦』二三八ページ）。これによれば、「歴史に学ぶ」というのは、過去に実用された手段のなかから理想実現の道となったものを見出し、それを直面する現実に適用することなのである。

船橋洋一氏と北澤桂氏。
2017年12月9日 ©JASTJ

本音はどこに

事前に質問事項を届けてあったとはいえ、取材慣れした「再検証委員会」の委員が次々と繰り出す厳しい質問に、即座にあるいはちょっと間をおいて、淡々と答える船橋氏に対し、一部が期待していた「挑発に乗って洩らされる本音」は、どうやら得られずじまいであったようだ。

『原発敗戦』のような厳しい責任追及をするいっぽうで、船橋氏は、菅直人総理（当時）をはじめ電力会社首脳などの責任を個人的に追及する様子は、インタビューの間に微塵も感じさせるところがなかった。例えば、民間事故調報告書発表記者会見に唯一の科学技術者として列席していた山地憲治氏が、「パンドラの箱を開けた者には、それを閉じる責任がある」と述べられたことの意味をどのように捉えておられるのだろうかという質問に対し、いささか記憶を確かめる風情であった。そこでインタビューを補佐していた北澤桂氏が、会見の記録をその場で示した。会見の記録と質問者の記憶との間には、微妙なニュアンスの違いがあったが、その場からは「責任」という機微に触れる問題につき、船橋氏を含む関係者が問題を慎重に扱おうとしていることが読み取れた。唯一、現場の原子力保安委員が真っ先に撤退しようとしたことに対して、「現場で頬被りをした半面、組織的責任の生贄とされた」と怒りと同情がない交ぜとなったような発言を残した。ただ、船橋氏は、新聞記者として「現場」の何たるかを身に染みて経験したことからか、事故に対応した吉田所長を初めとする「現場」を守る人々への想いが言葉の端々に滲み出ていた。後に上梓された『吉田昌郎の遺言』（日本再建イニシアティブ、二〇一五年二月）にもその想いは籠められている。

もう一つ、語られるべくして語られなかった「本音」として、日米同盟の問題がある。日本の「第一の敗戦」も「第二の敗戦」も、その相手国は合衆国だったが、戦勝国との同盟が実はそれへの隷従であったことが、今やいろいろな側面でその覆いが剝がれて顕在化しつつあるように思われる。例えば、合衆国で経済的に立ち行かなくなった原子力産業の後始末が日本に押し付けられ、日本経済の中核的存在であった企業がその存亡の危機に見舞われた。こうした状況のもと、二〇一八年に改訂期を迎えている日米原子力協力協定が、福島原発事故の教訓のなかから未来へ向けた「レジリエンシー(復元力)」の重要な要素となり得るものかどうか、残念ながら、これへの言及はなかった。また、事前に提示されていた質問に含まれていた民間事故調活動資金の出所については、答えを控えていたが、それらにより民間事故調がどのような性格のものか、グローバル・コンテクストのなかで推察できるかも知れない。

今や日本は、厳しい国際情勢の中で、その立ち位置を問われている。これまで世界に冠たる覇権国として「唯我独尊」の地位を保ってきた合衆国が、今その位置を失いつつ苦悶しているかのごとくであるが、これに対し私たちが提示すべきグローバル・コンテクストとは、日米同盟を超えた国際的枠組みではなかろうか。

④「東電」山崎雅男委員長

残念ながらインタビューの機会が得られなかった。

事故、一〇年目の想い

「3・11」から一〇年を経た所で、当時の関係者は、いま何を思っているのであろうか。機会を得て筆者が見聞きしたものとそれへの愚見を以下に示す。

①「南事務所での懇談」南直哉（東京電力元社長）

南氏とは、エネルギー総合推進委員会（一九七三年に経団連等財界四団体が母体となり、わが国の民間産業界における横断的なエネルギー問題対策の審議検討並びに推進のための機関として創設された任意団体）に、筆者が上司の鞄持ちで陪席する機会を得たことなどで面識を得て以来、交誼を忝（かたじけの）うしており、本書の出版に当たり懇談の機会を得たものである。

原発事故を巡り南氏が示す率直な「真意」については、その万分の一も、筆者には把握し難いところではあるが、電気事業の来し方行く末への南氏の想いは、後進にとって傾聴に値するものである。その内容のなかで、電気事業の未来を的確に構築するうえで重要な一つは電気事業の公益性であり、もう一つは送電線など流通設備の維持運営である。これを貴重な示唆として、以下に愚見を述べる。

「グローバル化」が日本の電気事業でも問題視されるようになったことは、一九九五年に電気事業法が改正されたことに示され、この法改正により電力各社の経営が「株主への利益還元」を重視し、公益性を維持するための投資を抑制するようになったと見られる。具体的な例が、合衆国カリフォルニア州の規制緩和を巡る「電力危機」である。

参考文献

ジャック・カサッザ、『フォゴットン・ルーツ』電気新聞編、二〇〇七年
『検証　米国の自由化』佐藤　貞・間庭正弘、第二部第二章一八二、二〇四ページ、二〇〇一年
『忘れられたルーツ』電力発展史研究会、二〇〇九年

南直哉氏。
2021 年 7 月 26 日 ©GEI

この状況に対し、合衆国で電気技術の研究と教育に多大な貢献をして来たジャック・カサッザ氏は、二〇〇七年に『フォゴットン・ルーツ』を刊行し、「グローバリスト」と呼ばれる金融資本家が、電気事業を市民一般の公益に資するものから資本の利に益するものへと変質させようとしていることへの警句を、技術者の倫理と技術の特性とに基づき、提起した。折しも学会で論文を発表すべく訪米していた筆者に同氏はその著書を託し、日本の電気事業を支える技術者にその警句を伝えるよう依頼した。その意を受けた電力発展史研究会（ＥＩＴ：後藤茂理事長のもとに設置された有識者による研究会）は、その著書の「訳補・編」として『忘れられたルーツ』を発刊したが、技術者倫理の部分は簡単な

紹介に留め、カリフォルニアにおけるシステム破壊のような混乱は日本では起こらないとの結論を導いた。同委員会に所属していた筆者が、今にして忸怩たる思いに駆られるのは、当時、未だ技術者倫理への認識が浅く、「電力自由化」の背後にある金融資本家の意図に係る危機意識に乏しかったことである。具体的には、「電力自由化」の下で求められるのは利益に直結しない投資を削減することであり、その結果、カリフォルニアの大規模停電（二〇〇〇年）の原因の一つとなったように、送配電線など流通機構の整備が疎かになるのである。日本では、二〇一八年の房総半島大規模停電がその実例である。

しかも、この状況は「電力自由化」の下で未だに適切な対応措置が取られているとは言えない。例えば、日本最大の電気事業者である東京電力（HD）の株式が現在官民共同出資の「機構」により取得され、同社は実質的に国有化されているが、その事業者としてのサービス内容は従前のまま踏襲されていると言えよう。勿論、現状をそのまま踏襲すれば、例えば、原子力発電所の運転期間は四〇年とされ、二〇四九年には日本の原子力発電容量は零となるとされている。これに対し二〇一七年に刊行された『エネルギー産業の2050年 Utility3.0 へのゲームチェンジ』（**参考文献**：竹内純子編、伊藤剛、岡本浩、戸田直樹著、日本経済出版社、二〇一七年）は、社会生活の変化や技術の発展を予測しつつ「電力の未来を読み解く」としている。

ここで注目すべきことは、先に挙げた文献『検証　米国の自由化』の結びにある言葉である。曰く「日本での自由化範囲拡大、完全自由化といった選択においては、一般需要家自身も相応のリスクを負わなければならないこと、すなわち『最終的に何のための、誰のための自由化か』という根本的な命題を改めて日本社会に突き付けたとも言えそうだ」。

②「近代日本史研究会　聞き取り調査」森一久（日本原子力産業会議元副会長）

官民の軋轢

森氏は大学で素粒子論を専攻されながら、社会人としてはメディアの分野に入り、湯川秀樹・朝永振一郎といった錚々たる研究者との知己や本人の人柄を買われ、一九五六年電源開発㈱に入社後、日本原子力産業会議の創立と共に同社より派遣され、一九五六年から二〇〇四年まで同会議で日本の原子力産業を推進するうえで必要とされる様々な方策を立案・推進・調整する役割を果たすべく、地味な努力が求められる任務を託された。日本の原子力開発は、「河野・正力論争」から始まり、冷戦構造を背景とする国際情勢の圧力に翻弄され、福島事故の責任問題を含む復旧措置に係る対応など「官民の軋轢」とも言うべき混迷と退廃に陥り、国会事故調の報告では「規制当局が事業者の『虜』になった」と断じられる事態となった。

このような推移の中で、必死に信念に基づく誠実な努力を重ねた森氏は、その内容を『原産半世紀のカレンダー』にまとめたが、そこにはいくつかの貴重な『秘話』が収められている。

また、二〇〇八年に近代日本史研究会が行った聞き取り調査に応じ、一九七九年から一九八六年の米・露・日における原発事故につき、次のようなコメントを残している。言葉の断片だけを拾うのは、誤解のもとではあるが、以下はその一部である。

原発事故

ＴＭＩ：「それを契機として、いくらなんでも自由競争とは言いながら、お金さえあって安全審査さえ通ればだれが作ってもいいんだというのはアメリカ的なやり方で、それではいかん、ということで大分変わってきました」（一五〇ページ）

「もんじゅ」：「アメリカ、ロシア、イギリスでは、何十回もナトリウム漏れを経験しているんです。日本はたった一回だけで、あんなことになったんですね。（中略）フランスも日本の様子を見ているわけです。ああいうことで、あれだけ騒がれたら困るということで、まだ形式をきめていませんけれどね」（一五八ページ）

チェルノブイリ：「まさにあれはソ連の崩壊のきっかけだった。ゴルバチョフが『我が国はこんなにひどい国か』ということを腹の底から感じたんですね」（一五〇ページ）〔（筆者注）事故を起こしたチェルノブイリの原子炉は、日本で使われている原子炉とは」「型式が全然違う炉ですからね。炉自身よりも、後始末という意味で、退避というようなことでいろいろ参考になる点がある、というような議論をずいぶんしました。教訓と言う意味では、むしろＴＭＩの時のほうが真剣でしたね」（一六九ページ）

「国官アレルギー」

国会事故調が指摘する「事業者が規制官庁を『虜』にした」ということの背景を、森氏は次のように表現している。

「今までの電力関係の史書などで、「国官アレルギー」なんていうことを書いたものは一冊もないですよ。もっともらしいことが書いてある社史を読んでも、そんなことは何も書いてない。（中略）そういう意味で、「国官アレルギー」という言葉を残すことだけでも意味があると思って、『電力経済史』の中の終わりの章に、私の責任でこの章は書いたということを明記して、書こうと思っているんです」（二七ページ）

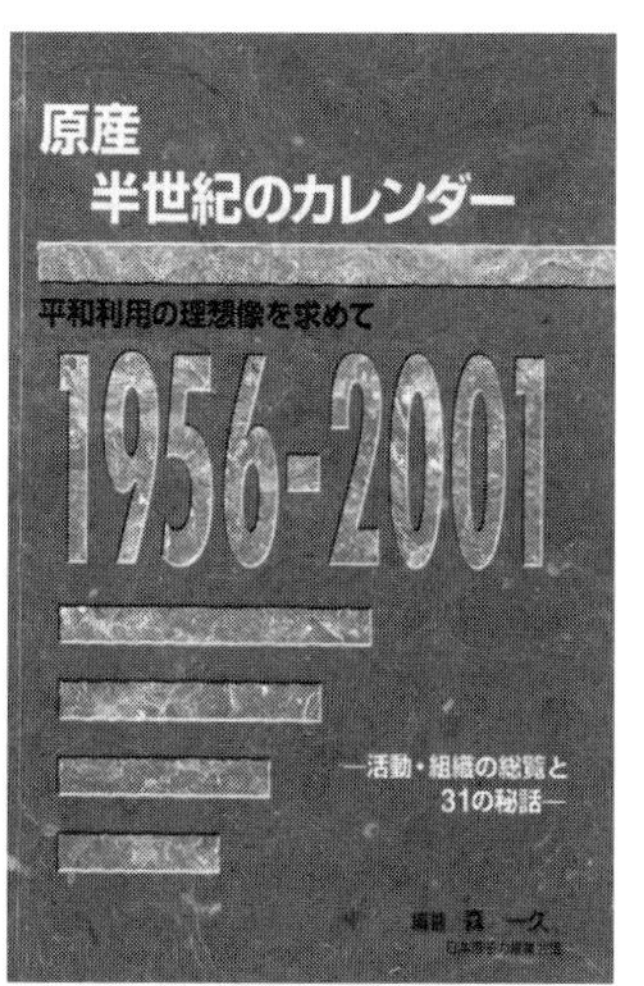

森　一久　編著『原産　半世紀のカレンダー』2005年 ©JAIF

原産の改組

原子力産業会議は、森氏にとって原子力が核兵器への途に傾斜せず、原子力の「平和利用」を実現するための組織であり、森氏は「原産」が産・官・学のいずれからも中立なものとして活動できるように努力してきた。それが単なる業界団体となるべく改組されることとなり、そこで一緒に活動してきた仲間の将来や自らの健康などに配慮の上、身を退くことを決意し、次のように述べている。「要するに、今日も随分問題になっている電力会社は、いろいろなことで困っているでしょう。はっきり言って、全部電力会社が悪いんですね。ところが原産という大きな顔をしたやつが何も役に立ってくれない、改革しなければいかん、となったわけです」（一九三ページ）

参考文献

『森一久 オーラルヒストリー』近代日本史研究会、二〇〇八年

二〇一一年三月一一日は、森氏が急逝した二月三日の直後であり、多くの関係者が異口同音に漏らした言葉は、「森氏が生きておられたら、どう言われただろうか」。その答えは、すでにいろいろな機会にいろいろな形で語られていたのである。その後六年の歳月をかけ、森一久資料編集会が森氏の論説・資料集を発刊している（非売品であるが、希望者は実費／送料とも三〇〇〇円を添えて、rsugano@feel.ocn.ne.jp あてに申し込めば、受け取れる）。そこに掲載されている森氏の「絶筆」（世界・日本の運命の分かれ道──「寅は千里の藪に住む」年はすでに始まっている」二〇一〇年一月一二日）は、凡人の理解を超えるものがあるが、その一部は次のようなものである。「ばらばらの世界像のままでは、今後の『国際合意』など『百年河清を待つ』に等しい。①少なくとも当分の間、途上国・新興国の経済発展に百年来の世界経済危機脱出が賭かっているとすれば（中略）②先進国の産業の将来展望は（中略）③技術開発を中心とする世界経済の再建の可能性と限界（中略）④世界がこ

れらディレンマから脱却して次の百年の展望をもつには（筆者注：地球人類に拠る『壮大なプロジェクト』の創案）（以下略）」

参考文献

『原子力とともに半世紀』森一久資料編集会、二〇一五年

自然災害への対応

自然災害の急速な発生

二〇一九年、地球規模の異常気象によりオーストラリアでは長期間にわたり山林火災や地域特有の異常現象が発生してきた。また、二〇二〇年も世界を包み込んだコロナウイルス感染で多くの人々が亡くなっている。これらのことは地球規模の異常現象であり、その中の電力エネルギーに関わる事項を取り上げて電力エネルギーの状況を考察することは、「歴史的に学ぶ二十一世紀の電力系統技術」を考えるうえで重要な事項である。

①北海道大地震による大停電

日本では、北海道胆振（いぶり）地方で二〇一八年九月六日未明に、最大震度七の強い地震が起き、震源に近い北海道電力（以下、北電）の苫東厚真火力発電所が緊急停止した。北海道電力系統は、

図 3-2　北海道電力系統構成（北海道電力ホームページより）

図3―2に見られるように苫東厚真火力発電所は放射状態に構成された中心的要の位置に設置された発電所であり、北海道内の電力の半分を担う主力拠点であった。この発電所が、地震のために緊急に停止したことから、他の発電所に一気に負荷がかかり、主力の火力発電所が停止してしまった。その結果、電力供給が大幅に落ちこみ、北電は一八分にわたり三度にわたる強制的な負荷遮断で需要を抑え込もうとしたが、需給のバランスがとれずに周波数が急低下し、最終的に大停電を誘発されることになった。経済産業省は一九日に、地震発生から道内全域の大停電（ブラックアウト）に至るまでの一八分間の北海道電力管内の周波数の推移などのデータを公表した（図3―3参照：第一回北海道胆振東部地震に伴う大規模停電に関する検証委員会資料）。ブラックアウトを起

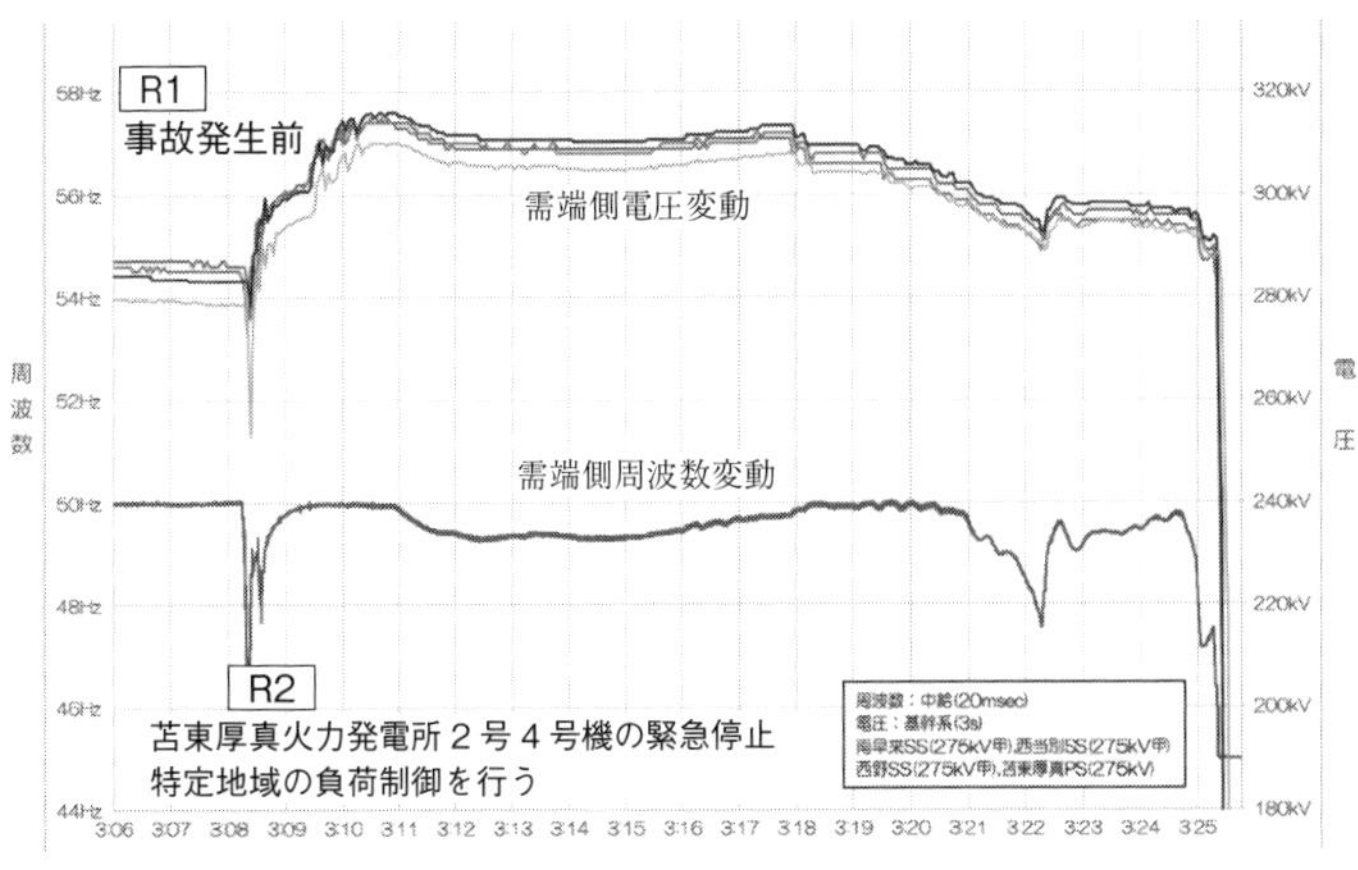

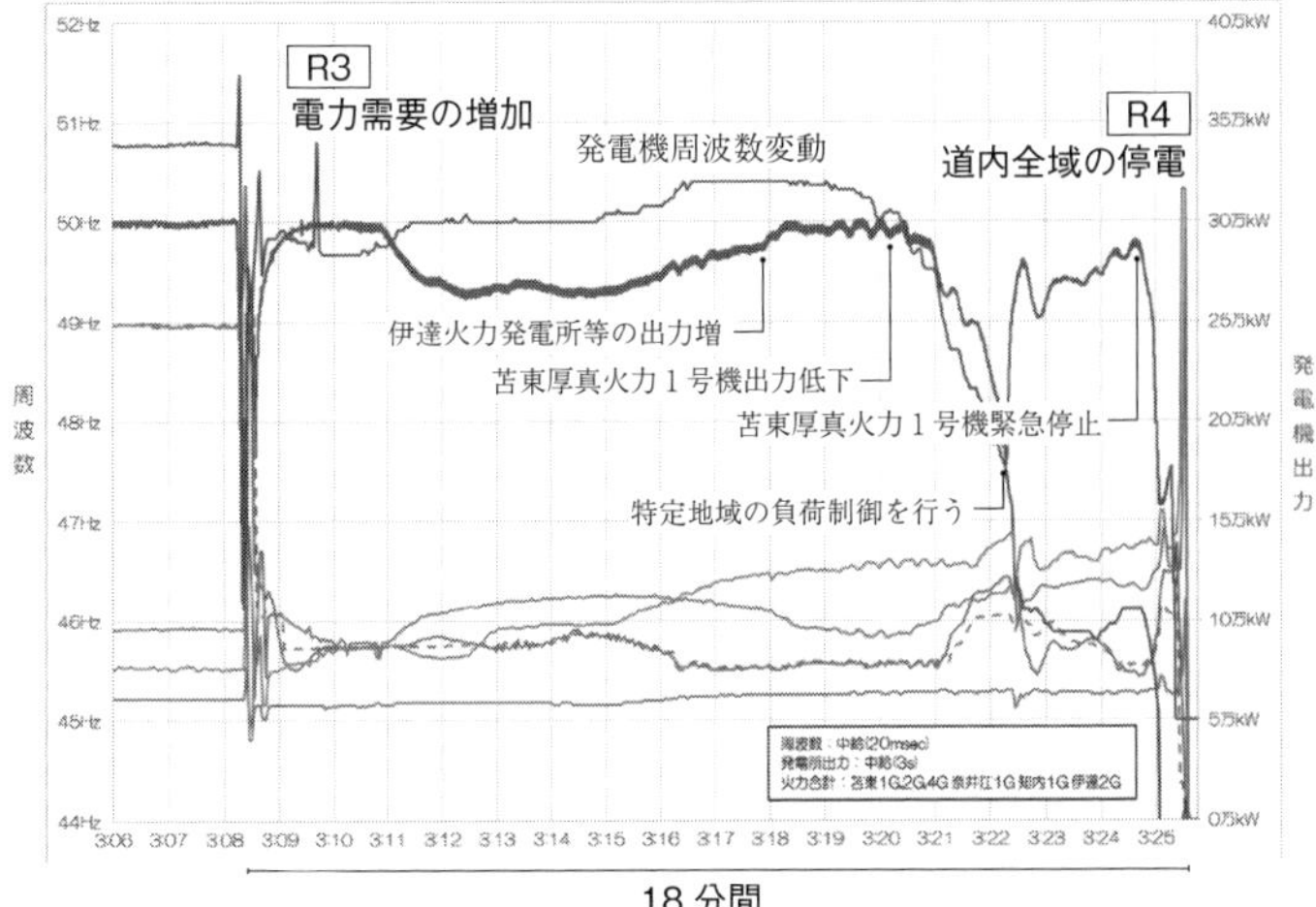

図 3-3　北海道大停電における周波数・電圧の様相
（北海道電力ホームページをもとに改変）

コラム　「空気の研究」その4

関根泰次氏は「三つの驚き」を含む「随想」を 20 年にわたり掲載し続けていた紙面に北海道地震発生後の電力系統状況に関する所見を投稿したところ、ゲラができたと同時に不掲載の通知を受けた。その経験は第四の「驚き」と言ってもよいとしている（参考文献　P.96.）。その背後にある「空気」として、自分が経験した大本営発表をはじめとする軍部の言論統制などを思い出し、近年の「日本学術会議会員任命」問題なども連想している。

後述（コラム「空気の研究」その 6）のように、筆者も依頼を受けて投稿した論文が不採用となった経験をつい数年前に経験している。また、電気学会技術報告書の取りまとめにおいても、同様の「空気」がひたひたと吾が身にも迫ろうとしているのを感じている（コラム「空気の研究」その 5 参照）。

背後にある「空気」の拘束から脱却し、その状況を「第四の『驚き』」として出版物に公開された先達の毅然たる態度には、敬服措く能わざるものがある。この先達に倣い筆者も「空気」の拘束から脱却すべく第一歩を踏み出すことと致したい。

黒南風の空気拭ひて毅然為り　　（青史）

参考文献：関根泰次『学窓から眺めた日本と世界　そして電気』第 3 集、追録　北海道大停電、アーク印刷、2020 年 12 月 7 日

こさないような様々な再発防止策として、周波数低下による自律的なリレー（ＵＦＲ）の設定による負荷遮断やさらなる火力発電の増設による予備力増強や他地域からの連携の強化などが提案されてきた。このことは、どの系統にも共通に言えることであるが、それができない場合は、再発防止のため地域ごとに緊急期間対応の蓄電装置を置くこともその一つとなるであろう。この方向は分散型電力システムへと向かうことにもなる。事故発生から一八分間の北電系統の状

況の推移は、地震発生直後に周波数が急激に低下し、負荷遮断をおこない周波数が回復したが、後に需要が増加した結果周波数が低下した。そこで主要の火力発電所が出力を増し安定化に努めるが、苫東厚真(とまとうあつま)火力1号機出力低下により周波数が急速に低下し、再度出力制御を行うが残りの三機の発電機も停止してブラックアウトとなる。この北海道電力系統の構成で最も重要な個所である東厚真火力発電所が地震で緊急停止したことが、ブラックアウトに繋がり大きな要因になった。

電力系統における大規模な停電事故は、①御母衣(みぼろ)事故（一九六五年、関西地区）②ニューヨーク（一九六五年、北米州東部）③阪神淡路（一九九五年、兵庫・大阪）④Power Pool（二〇〇三年、カナダ南部・合衆国東部）⑤インド（二〇一二年、インド北部）などがあり、自然災害に起因するものは①、③である。しかし、北海道全域にわたるブラックアウトの例は、これらの例と同列には語れない。日本で「送配電工学」といわれてきた学問領域を「電力系統工学」として発展し確立した関根泰次氏は、この例につき「三つの驚き」を表明された（**参考文献**：関根泰次、『学窓から眺めた日本と世界　そして電気』第三集　追録　北海道大停電、印刷・製本アーク印刷、六三ページ、二〇二〇年）。

①IT・AIの時代に日本で起きた。

②検証に専門家としてなされるべきことが全くといってよいほど触れられていない。

③問題を解決するための根本的対策が、まだ、手つかずの状態であるように見える（コラム「空気の研究」その4参照）。

②九州電力による出力制限

九州は、日本の中でも日射量の多い地域で、太陽光発電の普及が進んでいる。そのなかで、二〇一八年一〇月一三日（土曜日）及び一四日（日曜日）は、九州地域が高気圧の長期停滞に覆われ、九州一円が晴れ太陽光出力が増した。また、土日の週末で、工場をはじめとする大口需要家の多くが停止、さらに秋の過ごしやすい陽気で、大気気温は低めに推移したため冷暖房の需要も少なく、受給バランス（供給は多く需要は少ない）が崩れ、その結果、図3―4に示すように、再生可能エネルギーが増加した結果、その増加エネルギーを揚水の蓄電に充てるだけでなく、連携系統からの電力量、火力発電所の出力の抑制制御と行った後も、需要曲線を超えてしまい、需給バランスを取ることができない状態に陥った。そのために、太陽光発電装置からの出力制御が行われることになった。

出力制御とは、電力送電部門が需給バランスをとるために、各種発電設備から供給される電力量を制御（定量以外は削減、または停止等）することを言い、これを行わないと、供給過多となり電圧が上がり、停電等の異常事態が起きる。

その異常状態の最たるものであるブラックアウトを回避するため、九州電力は出力制御を六回行った。その様相を順次見ると

①通告

九州電力は、一〇月一一日一七時に再生可能エネルギーの出力制御の可能性の見込みを通告した。

②第一回目出力制御

九州電力は一〇月一三日（九～一六時）32万kWの太陽光発電の出力制御を行う。離島を除く広域での出力制御は、国内で初めてであった。

③第二回目出力制御

一〇月一四日は54万kW時の太陽光発電出力制御に踏み切る。その後の一〇月一九日九州電力は、システム不具合により、太陽光発電事業者に一部に制御を解除する指令を送信したのに、プログラムの不具合が原因で実際は届かず、手作業で送り直したため、停止させた三〇分間の約17万5千kW時分を余分に止めてしまったことを明らかに

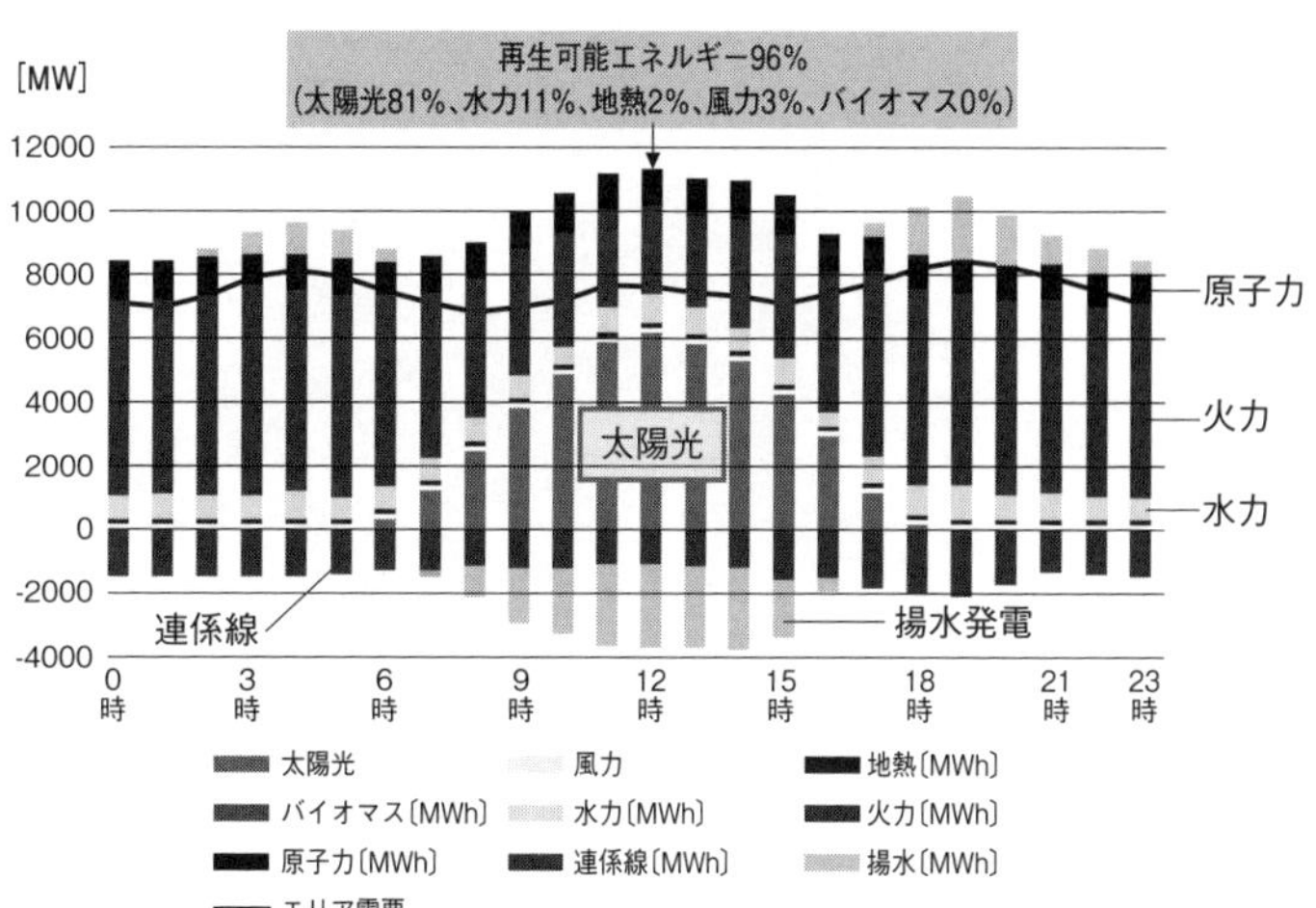

図 3-4　九州電力エリアの電力需給（2018 年 5 月 3 日）

福岡県大牟田の太陽光発電所。
（写真提供：九電みらいエナジー株式会社）

した。

④第三回・第四回目出力制御

一〇月二〇日と二一日には一部の太陽光発電を稼働停止する出力制御を実施した。二一日は最大時93万kWを止めるこれまでで最大規模の出力制御となった。

⑤第五回・六回目出力制御

一一月三日（土）と四日の午前九時〇〇分～一六時〇〇分の二日間、今回は風力発電も含む再生可能エネルギーの三日は55万kW、四日は１２１万kWの出力制御を実施した。特に、四日には蓄電池の充電や、揚水発電用の水のくみ上げ、関門連系線による域外送電などを活用したうえでの出力制御を、最大余剰電力発生時刻である一二時～一二時半の三〇分間の出力制御を行った。電力需給の内訳は、①エリア需要が６９６万kW、②大容量蓄電池の充電・揚水運転が２２６万kW、③関門連系線を活用しての域外送電が２０２万kWであり、これらを足した１１２４万kWが需要の総合計である。一方、供給力の合計は１２４５万kW（うち再エネ出力は５７２万kW）。需要と供給力の差分である１２１万kWが、出力制御の対象となった。

以上見てきたように、九州電力は、系統全体のブラックアウトを防ぐために、二〇一八年に六回もの太陽光発電の一時停止の出力制御を実施した。その原因は、まず、再エネの急速な普及で、九州地域の再エネの発電能力は、同年五月、太陽光の発電比率が一時的に最大八割を超えるまでの量になったこと。次に、火力発電機の抑制制御には量と対応時間に限界があり、太陽光発電量の瞬時変化に対応できず、電力需給バランスを取ることが困難となったこと。これらにより、系統が崩壊する一歩手前状態に何回も遭遇することとなった。

九州電力の今後の出力制御も、国が定めた「優先給電ルール」に沿って実施されるとしている。このルールの出力制御の対象になるものは、図3―5に示されるようにまず揚水発電を含む電源Ⅰ、Ⅱ、Ⅲであり、次いでバイオ発電となり、五番目に循環型エネルギーの太陽光・風力といった自然エネルの出力制御として位置づけられている。しかし、九州電力のように太陽光や風力による発電装置が供給力の八〇%になると、それが瞬時の気象現象変動の影響を受けるため、それからの発電量の調整が自律的に困難となる。

0	電源Ⅰ（一般配送電事業者が調整力として予め確保した発電機及び揚水式発電機）の出力の抑制と揚水運転 電源Ⅱ（一般送配電事業者からオンライン調整ができる発電機及び揚水式発電機）の出力の抑制と揚水運転
1	電源Ⅲ（一般送配電事業者からオンライン調整できない火力電源等の発電機（バイオマス混焼等含む）および一般送配電事業者からオンライン調整できない揚水式発電機）の出力の抑制と揚水運転
2	長周期高域周波数調整（連系線を活用した九州地区外への供給）
3	バイオマス専焼の抑制
4	地域資源バイオマスの抑制※1
5	自然変動電源の抑制 ・太陽光、風力の出力制御
6	業務規定第111条（電力広域的運営推進機関）に基づく措置※2
7	長期固定電源の抑制 ・原子力、水力、地熱が対象

出力の抑制等を行う順番

※1　燃料貯蔵の困難性、技術的制約等により出力の抑制が困難な場合（緊急時は除く）は抑制対象外
※2　電力広域運営推進機関の指示による融通

図3-5　国が定めた優先給電ルール

そこで、太陽光発電設備をより多く受け入れるために、太陽光発電設備の出力を制御する機器を設置が求められてきた。四国電力も同様な状態に陥ることが予測され、これは日本全国で起こり得る。

この主要な原因は、気象に強く影響される自然エネルギーを大規模電力系統に連結させることで、それ相当分を瞬時に供給できる予備力電源が必要となるという問題がある。ここでも地域で生成したエネルギーを地域で消費する小規模分散型エネルギーシステムのあり方が問われることになる。

③千葉地域の巨大台風による大規模停電

日本列島を巨大台風が襲うことが多くなり、大規模停電における配電系統管理運用の問題がより深刻な状況を示している。その中で図3―6に示すように、二〇一八年九月に台風二一号が大阪・関西地域を通過し、その時の最大瞬間風力五七・四メートルにより、電柱が一三四三本も破損し、そのより最大で二四〇万戸もの電力停電が発生したが、発生から五日後には九九%が復旧した。しかし、次の二〇一九年九月九日に房総半島を襲った台風一五号は、瞬間風速はほぼ同規模であるが、電柱の破損規模は三〇%も増し、停電戸数は四〇%と少ないのであるが、図3―7に示すように房総半島の全域に被害を与えた。また、図3―8に示すように、停電復旧には二週間ほども長い時間がかかってしまった。

図 3-7　台風 15 号による被害状況
©IEEJ

台風15号		台風21号
約2000本（推計）	電柱の倒壊・損傷	1343本
約93万戸	最大停電戸数	約240万戸
千葉市57.5メートル	最大瞬間風速	和歌山市57.4メートル

※経済産業省調べ

図 3-6　2019 年台風 15 号と 2018 年 9 月の台風 21 号の比較 ©IEEJ

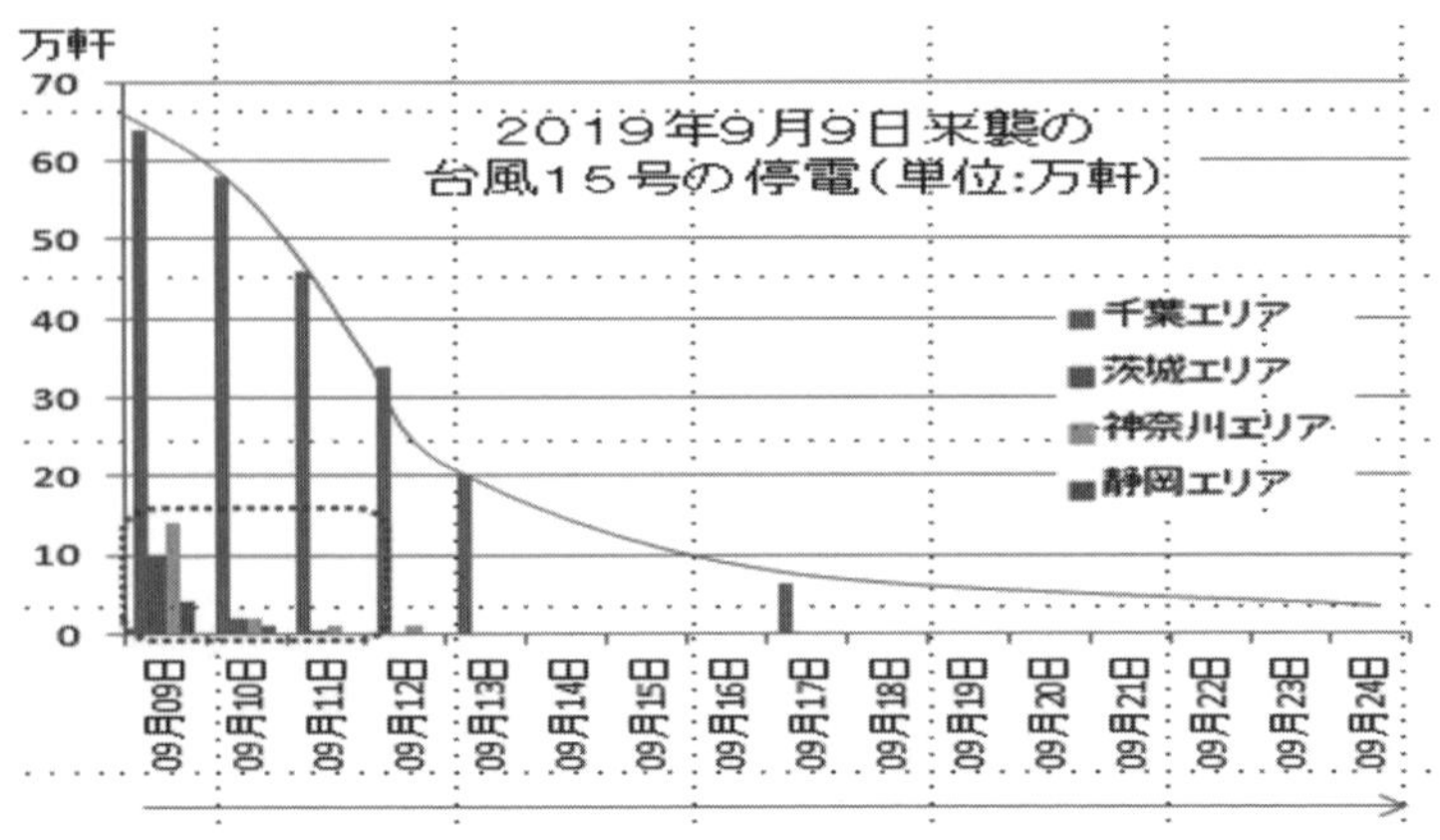

図 3-8　台風 15 号による千葉地域の 15 日間の停電復帰状態と他地域（栃木、神奈川、静岡）の復帰状態　©IEEJ

台風一五号の襲来により千葉エリア六四万軒以外も 神奈川エリア一〇万軒、茨城エリア一〇万軒、静岡エリア四万軒が停電した。 しかし、図3—8に示されるように千葉エリア以外は三日以内に復帰した。

千葉地域は全域復旧に一五日間もかかり、その間にそこに住む人々のライフラインが寸断され、生活できない状況となり、山岳地域の酪農産業（房総半島南端の鴨川市等）や海岸地域（房総半島南端の鋸南町等）の漁業産業に大きな被害を与えただけでなく、各地域の人々の生活環境を奪い生活を困難とさせてしまった。このことは、暮らしに電気がいかに大切であるかを体験させることになった。

この長い復旧期間が、ここで取り上げ検討しなくてはならない重要な事項である。その復旧長期化の要因を、電力系統から見た巨大台風の影響を検証することで浮かび出すことにする。まずは台風一五号がどのように電力系統に作用したかを見ていくことにする。

九月九日の朝から昼にかけて中心気圧九五五ヘクトパスカル、最大風速四五メートル／秒、瞬間最大風速六〇メートル／秒の巨大台風が房総半島を通過し、時速三〇キロメートルの速さで北北東に抜ける。その影響として

①電力系統への影響は、以下の電圧レベルで受けた。

（L1）君津市で送電線をつなぐ鉄塔二基が複数の倒木により倒壊、房総半島の基幹系統（187kV）が送電できなくなる。

（L2）山岳地域の高圧線網〈三相6・6kV〉を支える多くの電柱が倒木により倒壊し、地域への送電が停止する。

（L3）低圧線（二相200V、100V）の一部が切断される。

（L4）家庭等の引き込み線の一部が切断され、回線が復旧しても「隠れ停電」が起こる。L3とL4は、電力会社が把握できないので、使う側が連絡しなければ回復できず一〇〇軒ほど隠れ停電が起こったといわれている。

②電柱倒柱により、電柱による情報網も切断される。電気網、情報網も切断されたことで、テレビや携帯電話等の情報機器が使用できなくなり、情報から孤立していった。

③地域を繋ぐ道路も倒木や他の要因のため通行止めとなる。

房総半島に住む機と人の暮らし方は、人々が蜜集した都会と異なり、山や谷などや山林や海により隔てられた地域に人々が分散され隔てられたものである。その山谷に隔てられた地域を巨大台風が通過した後に、房総半島中域の君津市では、局地的に五〇メートル以上の猛烈な強風により風速四〇メートルを基準に造られていた送電線を支える鉄塔二基を倒壊させただけでなく、山林の樹々が強風で倒れ、その倒れた木々が、各家庭を繋ぐ配電線に架かり、配電線を支える電柱を多量に倒したことで、人々や物資が通る道路をも塞いでしまった。

以上の理由により、生活復旧に長い時間がかかり、市民生活に多大な影響を与えることになった。その原因の一つが情報網を使うことができなく被害状況を知ることを困難とさせたこと

台風15号により、根元から倒壊した送電線。
(写真提供：東京電力ホールディングス株式会社)

にある。そのために東京電力ホールデングス（HD）と送配電会社の東京電力パワーグリッド（PG）は、停電復旧の見通しを何度も修正しただけでなく、道路寸断により、常用発電機を届けるなどの支援も行うことができない所も多く出た。

この事態のなかで人々は自主的な行為を始めた。その一部を見ていくことにする。それは近未来に再び起こる異常事態にたいする一つの方向性を示すからである。

千葉県睦沢町は、地中に眠る天然ガスを利用して地産地消発電システムを建設し、自営線を地下に引き公共施設・道の駅に、二〇一九年九月から稼働を始めていた。そしてこの台風により大規模停電となったため、道の駅の温浴施設や携帯電話の充電設備を付近の住民に開放したことで、この地域の生活を確保することができた。

この睦沢町の発電システムを、さらに大きな

電気自動車による給電も各地で行われた。
（写真提供：東京電力ホールディングス株式会社）

規模のエリアで電気を発電し、配電するには電力の需給バランスを制御するシステムが必要となる。その場合は地域にコントロールセンターを置き、制御システムの保守や監視をする技術者を常駐させる必要が生じる。常駐させないで自動的にこの小規模の受給制御システムを運用する装置の開発が求められる。これは、すでに提案されている分散型エネルギーシステムであるマイクログリッドと呼ばれて来た方式である。マイクログリッドとは、自治体などのエリア内に太陽パネルや風力発電所などの地域分散型電源を持ち、地域内に配電するという小規模な分散型電力ネットワークである。

地産地消型エネルギーシステムの必要性

ＰＳ－21が発足してからの三年間に、多くの異常事態が惹起した。そのなかで電力系統に対し大きな影響を与えたものは、北海道地域を襲った大地震と、房総半島を通過した巨大台風であった。両方共に電力系統の一部を破損させ、停電によるブラックアウトを生じさせた。その停電の発生から復活までの経過を辿ることで、系統の問題点が見えてきた。特に注目すべきなのは、房総半島で大量（千本以上）の木々により電力系統が切断され、二週間もの停電を生じたことである。ここから見えてきたものは、その間の生活のための地域電源の必要性であった。その代用的なものとして自然エネルギーによる短期発電等の地域発電が求められた。その自然エネルギー電力を九州地域では出力制限を二〇一九年に五回も行ってきた。この出力制御の詳細を示すことで、地域で生成したエネルギーを地域で消費する小規模分散型エネルギーシステムに高い制御性が必要だということがわかる。

以上みてきたように、台風による自然災害で基幹送電線だけでなく、配電系統の構成や管理運用が問われることが明らかになった。また、二〇一八年一〇月一七日に九州電力が自然エネルギーである太陽光発電の出力制御を実施したことに関し、自然環境に依存型の太陽光発電や風力発電の問題点を掘り下げたが、気象状態によっては、太陽光・風力エネルギーの需給バランスが問われるので、将来のエネルギーを自然エネルギーに託す夢（ロードマップの目標）は、ベースロードや自然エネルギーの予備電力として何がその夢を担うことになるのかを現実的に確かめておかねばならない。その一つの担い手として、原子力発電はいかなる状態にあるべきかを検証することで、「歴史に学ぶ二十一世紀の電力系統」に一つの光を照らせることが期待される。

参考文献

「北海道大停電」『毎日新聞』二〇一八年九月二〇日

平成三〇年北海道胆振東部地震の検証委員会、電力広域的運営推進機関（https://www.occto.or.jp/）

「台風一五号による停電状況」東京電力パワーグリッド株式会社資料（https://www.tepco.co.jp/press/news/）

「千葉に完全停電を免れた町があった！　電気も「地産地消」の時代?」Digital FRIDAY（https://friday.kodansha.co.jp/）

「再生可能エネルギーの出力制御見通し（二〇一九年度算定値）の算定結果について」第二四回系統WGプレゼン資料

「九州電力における再エネ接続の現状と今後の対応」（https://www.nedo.go.jp/content/100866078.pdf）

「再生可能エネルギー発電設備の出力抑制の検証における基本的な考え方〜九州電力編〜」二〇二〇年二月二六日、電力広域的運営推進機関（2000226_sankoshiryo_kihon_kyusyu.pdf）

「再生可能エネルギーの出力制御見通しについて」二〇一九年一二月五日、中国電力株式会社（https://www.energia.co.jp/nw/energy/kaitori/control/pdf/seigyo_02）

「九州電力が国内初の出力制御を実施！「再エネの主力電源化」へ課題」（https://solarjournal.jp/solarpower/26369/）

「九電が最大規模の出力抑制　太陽光発電、四回目」『日本経済新聞』二〇一八年一〇月二一日

「原子力発電所の廃止措置プロセス—電気事業連合」（https://www.fepc.or.jp/）

「平成二二年度エネルギーに関する年次報告（エネルギー白書）」経済産業省資源エネルギー庁。

「原子力発電と核燃料サイクルの仕組み」日本原子力学会（http://www.aesj.or.jp/~recycle/nfctxt/nfctxt_1-1.pdf）

「原子力開発と発電への利用核燃料サイクル」日本原子力文化財団（https://www.jaero）

第４章

スマートコミュニティを目指して

土太郎村 © K. Nakajima

土太郎村の目指すもの

「土太郎村」の誕生

二〇一二年五月に発行した土太郎プロジェクトのパンフレットには、次のように書かれている。「過剰過度なエネルギーや物の消費のあり方を変え、国や行政に依存しない自立を目指します。そのため住民は絆を大事にし、直接民主主義によるコミュニティー運営を基本とします。心地よい木造家屋の建材から、美味しい野菜やコメの地産地消に努め、電気もソーラー・水力発電でまかなう地産地消グリーンエネルギーです。日本の閉塞状況に対する小さな挑戦ですが、地球環境に正しい〝土太郎〟に、あなたの参加をお誘いします」。

自分の家を建てる

こうしたエコとか地産地消が単に口先だけでないことを示すため、住民の一人は、開発地で切った杉を柱や板にして使い、断熱材としてはもみ殻を壁に詰めるなどの工夫と知恵を駆使し、建物のエコシステムはドイツから日本に移り住んだ設計士に委嘱した。彼曰く「**日本の国旗は日の丸でしょ**。そんな国旗を持っているのだから日本は太陽の国。もっと太陽の恵みを大事にしましょう」。

いざという時の備え

大規模災害などでは、自分の身はまず自分で守るしかないので、防災を学び、自分の生き抜く力や備えがまず大事だ。電力でいえば独立電源をそれぞれが持つことは、情報化時代の今の技術で可能になった。それぞれが高性能のバッテリーを持てるし、小型風力、バイオマス発電、ソーラーなどの技術の進歩はめざましいと「土太郎村」の人々は考えている。ただ簡単に操作できるスマートフォンとは違って、電気は個人が扱うにはまだハードルが高い。だから電気技術者は扱いやすい方式を今後、さらに開発しなければならない。例えばブレーカーが上がった時はスイッチを押せば回復できるという

土太郎村デザイン・コンセプト

スウェーデンの環境循環型エコヴィレッジを参考に
真のクオリティ・ライフを目指す
Sustanable Village Model

閉鎖型コミュニティである土太郎村の住民は
下記の4点に集約される。

1.新しい生き方の追及
2.地産地消
3.エコフレンドリー
4.直接民主主義

Four Features of Sustainable

1. 地域産業のゴルフ場と一体化

2. 効率良い建物(地域の自然素材：木材・石土材)

3. **エネルギーの地産地消**(自然エネルギー：太陽光風力・水力、」バイオ材)

4. **食材の地産地消**(地域産の農作物)

© 小佐野忠峰

図 4-1

ような分かりやすい仕組みが必要なのだとのニーズ（希望）も「土太郎村」の人々は持っている。

土太郎村の貯水池　© 中島健一郎

情報革命

情報を誰でも発信できるという情報革命が起きているように、電気に関しても誰でも自分の発電所を持てるという大変革の最中にいることを電気技術者をはじめ多くの人々は認識しなければならない。つまり好むと好まざるとにかかわらず電気技術はその大きな時代の流れに巻き込まれて行くだろう。これまでの電力の集中方式は分散方式に転換して行くのだから電気関係者は分散電力の効率的で分かり易いマネージメントシステムの構築に知恵を絞ってほしいと「土太郎村」の人々は思っている。

分散方式の良い点は、IT技術の進歩で電力使用者の場所、時間の多様性に対する設計が簡単になったことである。オール電化の家に住みたい人は、たくさんのソーラーパネルと大きなバッテリーを用意すれば良い。最小限の電力（照明、冷蔵庫、洗濯機など）で構わない人は小さな発電、蓄電システムを準備すれば良い。病院、工場、銀行、交通機関などは、その電気必要量を担保できる自前の発電所を持つ。バックアップが必要になる災害時などは、そうした発電所の非常時地域連携の仕組みを確立しておくことで乗り切れる。

土太郎村の目指すもので、欠くことのできない点がある。それは「ロー・インパクト・ディベロップメント」である。大企業による資金豊富な開発は、とかく山を崩し谷を埋める大規模開発になりがちだが、それは自然の地形を変えてしまうので、豪雨が降ると水害が発生する。その反省から、なるべく自然の地形を変えずに行う開発が、「ロー・インパクト・ディベロップメント」である。土太郎村は自然の地形を生かす開発をしている。東、北、西に尾根があり、南が開けた地形なので、雨が降ると南側に水が集まる。そこで南側に土太郎湖（調整池の役割）を作った。土太郎湖の堰堤は三億円くらいかけ、鋼板をびっしり打ち込み、数百年に一度の大雨にも耐えられる。熱海伊豆山の豪雨に寄る土石流の死者行方不明多数の悲劇は山の谷を産廃で埋める自然に反する工事を行った上、調整池すら作っていないからである。熱海市は産廃業者に警告していたそうだが、それ以上の対策はしなかったようだ。

土太郎村については、市原市も千葉県も防災に関し、真剣に指導監視を行った。土太郎村は防災を自分事としている。エコフレンドリーは土太郎村の目標の一つだが、防災は当然のことなので、あえて目標に掲げなかったが、「ロー・インパクト・ディベロップメント」の発想は土太郎村の大事な要素なのである。ゼネコンの開発と違って、土太郎村は手作りで、資金を回転させるため、まず九千坪の開発を行い、その宅地を売って資金を回収し、次の地域の開発に向かった。資金は四回転させた。つまり一度に開発するのではなく、ステップを踏んで行ったわけで、結果を確かめながら丁寧な開発ができた。「ここは手触りが感じられる開発ですね」という見学者がいますが、ステップごとの知見を生かし進む開発だった。ろくろを回した作家ものの器と、大量生産の皿との違いのようなものかもしれない。まさしく「ロー・インパクト・ディベロップメント」が行われたことは、エネルギーに関しても、人間の生き方に関しても、参考になると土太郎村の人々は自負している。

「エネこま」の活動

「エネこま」の誕生

「エネこま（エネルギーシフトを実現するこまえの会）」の活動は、もとより脱原発を動機としていた。二〇一一年の東日本大震災による福島原発事故で、それまでの日本社会に対する安直な安定イメージが一変した。３・11を発端に原発の危険性、原発に依存せざるを得なかった地域の実情、また放射能の危険に対して正面から対応できない国政など、それまで関心を持たれずにいた社会の仕組み・政治の構造を、多くの人々が捉え直すことになった。脱原発から再生可能エネルギー中心の社会へ。それはエネルギー問題だけではなく、日本中の地域が活性化する起動力ともなる可能性を秘めている課題だと、「エネこま」の仲間たちは考えている。

市内の地点調査

「エネこま」は東京都狛江市における平成二七年度行政提案型市民協働事業のひとつである「低炭素社会の実現に向けた再成可能エネルギー発掘等事業」として、二〇一五年五月二二日に市内四か所の小水力発電資源を調査した。それらは

①市役所敷地内の地下水
②西野川せせらぎ
③西河原自然公園せせらぎ
④多摩川二カ領宿河原堰

であり、この調査を委託された全国小水力利用推進協議会は、同年八月二四日付の完了報告書で、発電計画として実効性があり得るのは④多摩川二カ領宿河原堰だけであるとの所見を述べている。

多摩川二カ領宿河原堰　© エネこま

多摩川での小水力発電

これは技術的に発電事業が可能だとされたが、多摩川は国土交通省の管轄で制度上の課題がある上、過去にこの堰の近辺で多摩川が氾濫した苦い歴史が狛江にはあり、安全を十分に期して発電工事を護岸で行うには、多額の費用が必要で事業として採算がとれる見通しもまだない。

地元住民アンケート

この発電計画に対し、二〇一七年に実施した地元住民アンケートに対する三八六名からの回答や自由記述の内容は、九六%が再生可能エネルギーを増やすことに対しては関心を持っており、「すすめたい」、「可能ならすすめたい」が全体の九二・四%を占めているものの、その阻害要因として、情報不足、環境破壊、コスト、防災・安全性などを挙げている。

周辺地域とのコラボ

「エネこま」は、このほか学習会などの啓発活動を展開している。お隣の調布市では、(一社)「えねこや」がクラウドファンディングを利用した移動式オフグリッド住宅(エネ小屋)の建設を呼び掛け、プロジェクトの推進を図っているが、このような活動を展開している周辺地域とのコラボは、「エネこま」にとってまだ十分な対応ができるほどの「実力」が蓄えられていない。

市庁舎に新エネ電源

PS-21に参加し、「エネこま」の活動について報告された高木さと子女史は、その報告内容をさらに展開する活動の成果のひとつを以下のように述べている。

そこには新たな設備投資をせずに費用の低減を図り、既存の制度(再エネ発電料金)を活用して、庁舎の経費節減を達成するという「知恵」が活用されている。この制度の活用が広まると、料金収入低減を防ぐため、電気事業者は制度の変更(料金値上げ)を図るおそれがある。まさに、「勝っても兜の緒を締めよ」である。

「3・11福島原発事故から十年目の二〇二一年四月、狛江市本庁舎に再生可能エネルギー一〇〇%電力導入が実現することになった。狛江市議会議員一期目の新人として、二年前に初めて議会に登壇した時から、再生可能エネルギー電力を本庁舎に導入することを訴えてきた。狛江市に移り住んだのは、ちょうど十年前の六月。当時は、3・11事故直後で混沌とした無力感のなかにおり、その夏に、地元狛江市民主催の上映会で出会った映画が『ミツバチの羽音と地球の回転』（鎌仲ひとみ監督）で、祝島原発反対運動の長い歴史、原発の危険性が描かれ、福島原発事故が起こるずっと昔から、原発がいかに人類存続に危険であるか訴えられてきたことに気がついた。もちろん、チェルノブイリ事故時には、その危険性に衝撃を受けたが、その後、日本の原発の実態を知ろうとせずにきた自分のあり方が、福島事故につながったと、映画を観て後悔の念で涙が溢れてきた。

——子どもたちに申し訳ない。

しかし、「原発は不要だ」という主張は世の中の多くの人を動かすことができないことに気がついたのは、その後すぐだった。それならば、「原発に代わる新しいエネルギーとして自然エネルギーを増やそう」という道筋だと、未来につながる訴えとして人に伝えられる。そう確信し議員にまで挑戦することになった。そして、十年目の今年、狛江市で行政が再エネを市の中心部に導入することとなった。このために、脱炭素・再生可能エネルギー推奨の具体的な施策の提案として、電力調達の方策を費用対効果などからも論じ、費用対効果をセールスマンのように市役所担当各課に伝えてきたおかげで、再エネ電気値上がり分を、他の公共施設電力調達の契約で消化する工夫を担当者が行ってくれるという特典もついて、財政負担少なく再エネ政策が実現した。このおかげで3・11の事故後から続いている無力感から、やっと一歩踏み出せた気がしている。さらに、これから始まる狛江市の再エネ政策を進めたい。その一助として役に立ちたい。一個人、一つの小さな地域から、大きなエネルギー問題の解決につながることを、夢ではなく実感として確信している」。

小田原の老舗が何故

PS‐21での講演

「エネルギーから経済を考える経営者ネットワーク会議」世話役代表の鈴木悌介氏は、PS‐21の委員には参加されなかったが、第一一回委員会（二〇一九年九月一一日）において、自ら副社長を務める「鈴廣」が小田原市で展開する省エネ等の活動について講演をした。「なぜ、かまぼこ店がエネルギーのことを考えたのか？」との問いに対する答えは「福島第一発電所事故の衝撃」であった。

講演は広大な太平洋に面する小田原の海辺が、豊かな海産物に恵まれて賑わい、そのなかでかまぼこ店が繁盛した二〇〇年前の生活から始まり、海辺が海水浴場となり、高速道路が海と陸の生活を分断する現代に至った。「食」の仕事に携わるものは、大自然の恵みを「いただきます」と感謝して享受し、魚の命を人間の命のもととしながらそれを親から子へそして孫へと

「いのちのバトンタッチ」をし、「すべてはつながっている」という深い想いに至るのであった。

本題の「エネルギーから経済を考える」に入ると、経営者ネットワーク会議の活動を通して、「省エネは宝の山」を合言葉に進めた経緯が報告された。その具体例として、次の二つが示された。その推進力として小田原市政との協力が大きかったことが明らかにされた（筆者注：かまぼこ屋と小田原市政の協力（VPP）を端的に示すものとしてPS－21技術報告一四九八号の図4・3・4（三四ページ）がある）。

①本社社屋と工場の省エネ化

「言うは易く、行うは難し」といわれる世の中で、鈴木氏は自らの職場でもある「鈴

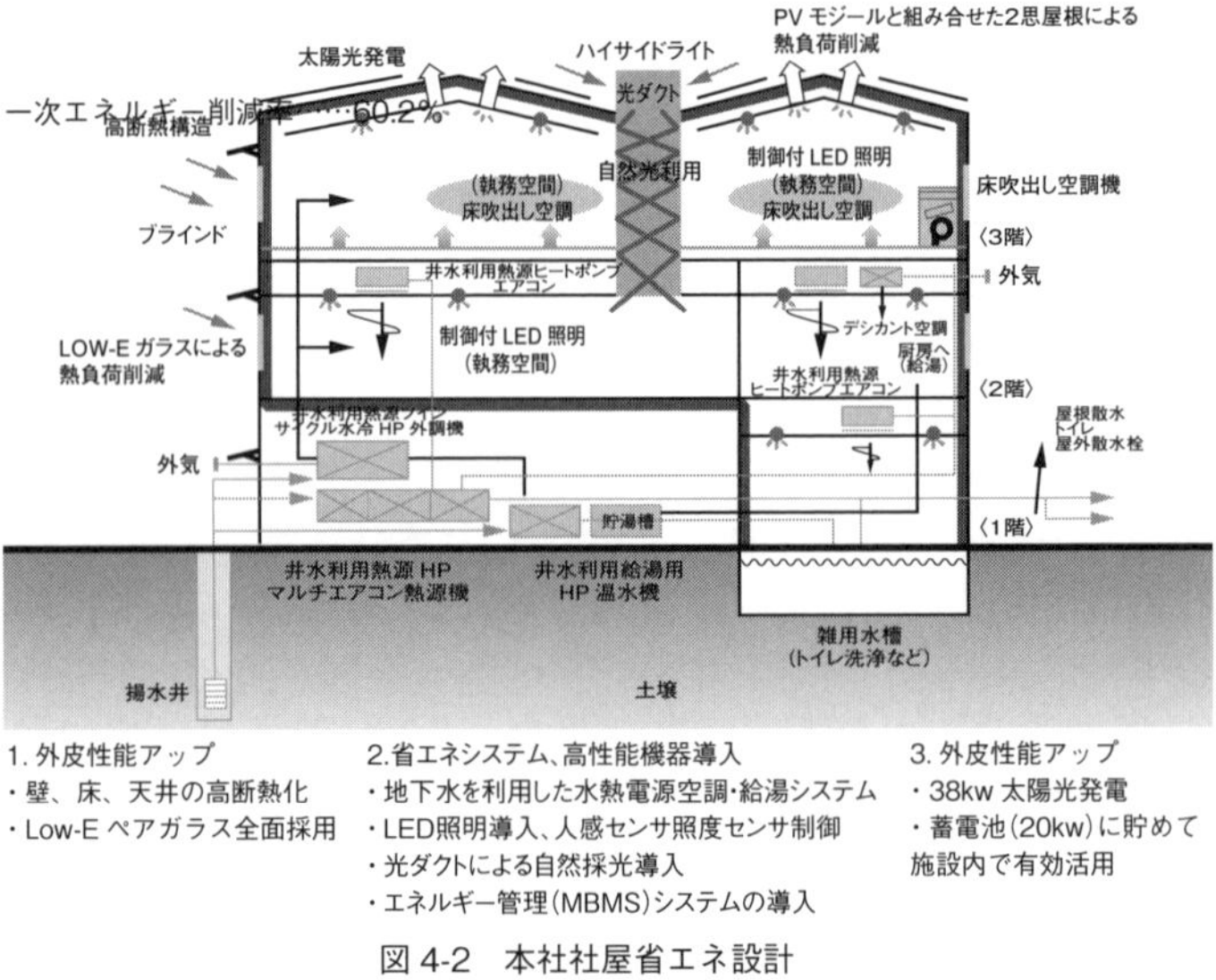

1. 外皮性能アップ
・壁、床、天井の高断熱化
・Low-E ペアガラス全面採用

2.省エネシステム、高性能機器導入
・地下水を利用した水熱電源空調･給湯システム
・LED照明導入、人感センサ照度センサ制御
・光ダクトによる自然採光導入
・エネルギー管理（MBMS）システムの導入

3. 外皮性能アップ
・38kw 太陽光発電
・蓄電池（20kw）に貯めて施設内で有効活用

図 4-2　本社社屋省エネ設計
©　鈴廣

廣」の本社社屋と工場の省エネ化を推進した。視察に訪れるものは、社員が実際に勤務している社屋にさり気なく案内され、換気や採光、壁の断熱など大げさな工事など何もしていないかのごとくに設計された省エネ技術の適用の様子を見てとることができた。さらに工場廃棄物を外部に放出せず、自然環境を守る手立て（ZEB）も施され、そこには地形や地下水といった環境を巧みに取り入れ、まさに自然の恵みを戴き、自然と共に生きる姿があった。

②周辺所有地の緑地化や避難所化

有名な箱根駅伝の中継基地にも提供される駐車場を含む周辺所有地は、買い物客に憩いの場となる食事の場のように見える所もあるが、周辺一帯は豊かな緑に包まれて、実は災害発生時の避難所としての機能が仕込まれている。これは上記の「いのちのバトンタッチ」という話題が、単なるお題目ではないことを示している。

未来の共同体

市民の視点

ＰＳ－21が現地調査した「エネこま」「土太郎村」「老舗かまぼこ店」の事例は、例えば行政の定義する「スマートコミュニティ」に当て嵌まるとはいえない面がある。この定義は、主として各地の自治体が主導する「街づくり」の過程で定められてきており、それが果たして一般市民一人ひとりの多様な要求を的確に反映しているかどうかは定かではないといえよう。

このような（行政ベースでの）スマートコミュニティづくりの過程と今後の展開については、後段の第五章と第六章で（専門家の視点で）分析するが、前述のとおり、スマートコミュニティづくりは、偏に一般市民の視点による技術を含めた合理的判断に委ねるべきものである。なおスマートコミュニティづくりの過程における一般市民と地方行政との協力については、第五章末尾「地方行政との協力」（二〇三、二〇四ページ）を参照されたい。

ローカルとグローバル

大分県知事（一九七九～二〇〇三）を努めた平松守彦氏が「もっともローカルなものが、もっともグローバルである」と述べて「一村一品運動」を推進したように、たとえ小さな狛江市の市民が持つ視点であっても、それは人間として全世界に通ずる共通性があり、その多様性が尊重されることに価値がある。ましてやこの「グローバル化」時代には、それが狛江市民にどのような影響をもたらすかについて、その本質を捉えた判断をせずに的確な対応ができるわけがない。このような対応で消費者・市民を守るためには、多様な視点を尊重した民主的な社会を構築することが肝要であろう。ＰＳ－21の作業に含まれている二〇五〇年に達成されるべき「スマートコミュニティ」に至る道程（ロードマップ）を描く作業に「市民の視点」が不可欠である理由が、ここに存在する。

また、国際的な動きのなかでも、市民の視点に注目が集まっている。一〇代の若い女性グレタ・トゥーンベリさんが国連で、そして大国のリーダーを相手に環境問題の早急な解決策を求める声を上げたが、この地球環境の危機感が、世界では緊急事態的なレベルにまで共有されるようになって大人たちを動かし始めている。ただし、このような動きの背後に何があるかについては、警戒を要する。

学会の役割

二十一世紀に入り、それまでに構築された様々なシステムが「制度疲労」を起こしているという認識が定着しつつあるなかで、学会というものが「象牙の塔」に籠っている時代ではないのは明らかである。政治家が学者を「曲学阿世の徒」と批判したのも随分昔の話となったが、政治家が学者の言説を自分の都合の良い時だけ利用する悪弊は今でもなくなるどころか一層強まっているといえよう。これに対し二十一世紀に先駆的役割を果たそうとする学会は、そのシステムを一般市民に開かれたものとすべく努力しているが、一般市民の多くは、「世のなか理屈だけでは動かない」と科学的専門家の言説に信を措かなくなりつつある。

この状況を克服するためには、今回ＰＳ－21が試みたように学会の研究活動の理論的側面を一般市民の感性に基づく「知恵」でもって補うことが求められているといえよう。第六章で検証する「スマートコミュニティ」におけるロードマップ作りが一般市民にとって必ずしも有効に機能していないという現実を克服する上でも、知識と知恵との融合を以って建前と本音のギャップをたくみに処理するという柔軟性が求められているといえよう。そのための多面的な努力が積み重ねられねばならないであろう。

参考文献

高木聡子・荒川文生「狛江から取り組む地球環境保全への模索と葛藤―「エネこま」の来し方行く末―」電気学会研究会資料 HEE-20-002 (2020)
中島健一郎・小佐野峯忠・荒川文生「『土太郎村』に於けるスマートコミュニティーの電力システム」電気学会研究会資料 HEE-20-003 (2020)
鈴木悌介『エネルギーから経済を考える』合同出版、二〇一三年

第５章

パワーシステムをどのように計画するか

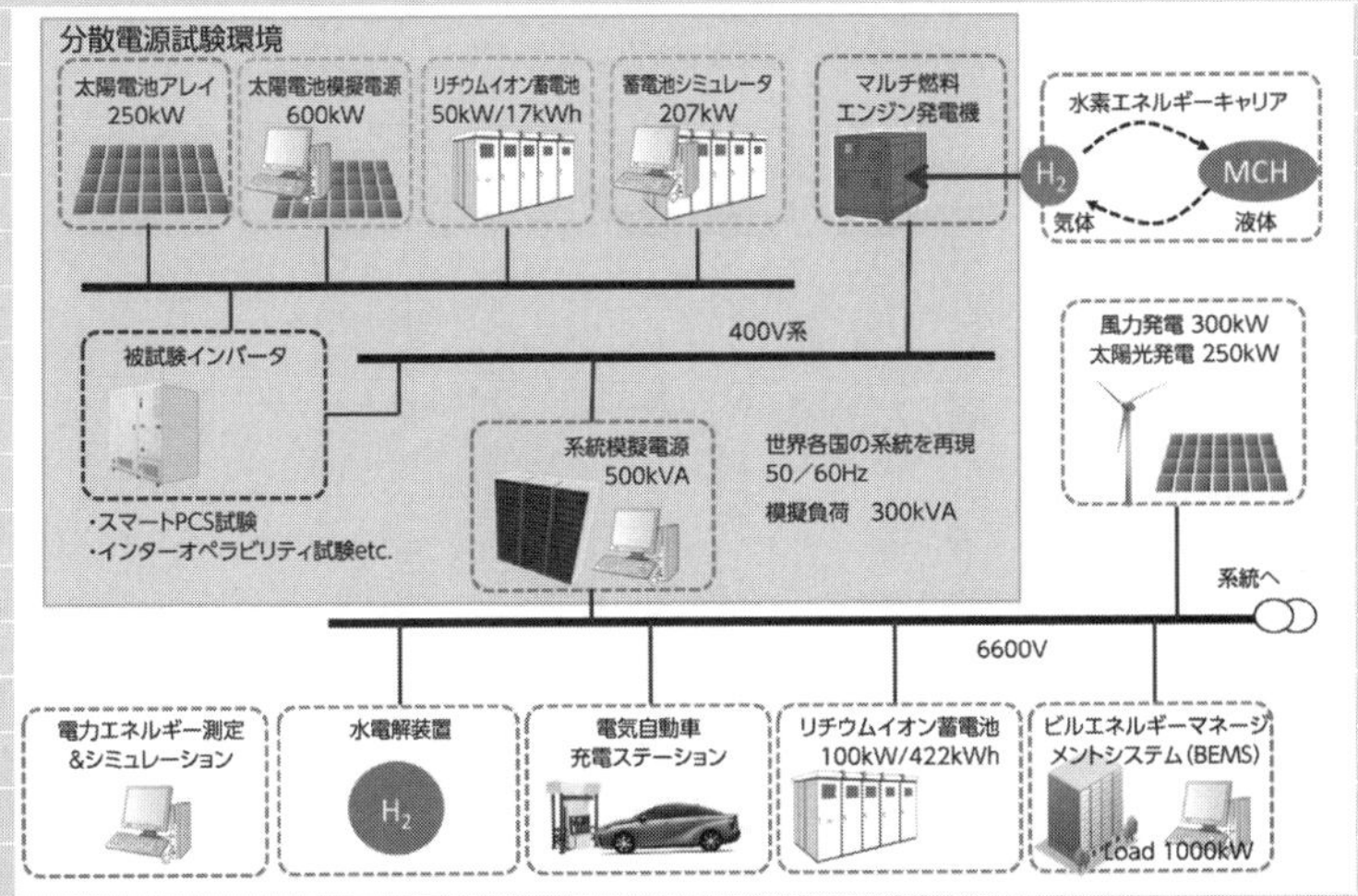

分散型再生可能エネルギー（DER）実証プラットフォーム
国立研究開発法人産業技術総合研究所（産総研）提供
分散電源として急速な勢いで導入が進んでいる太陽光発電や、風力発電の再生可能エネルギーは、天候とともに変動するため、電力供給を安定化するためには、既存発電所や電力貯蔵、利用者による需給調整が必要である。また、場所による偏在もある。FREA では再生可能エネルギーを最大限活用するために、それぞれの場所に適した再生可能エネルギーを選択し、模擬電力系統シミュレータや各種解析ツールを使って繋げて効果的に利用するためのエネルギーネットワークの研究を行っている。

主要技術の発展[*1]

電力系統が大規模集中型で発展したのに対し、分散型電源という用語が、新たなシステム作りとして用いられるようになった。もとより表5―1に示す通り、電力系統の黎明期となった第1期には、一つの電源が一つの需要（主な需要は電灯負荷）に対し単独の送電線で電力を供給したのであるから、電力系統の原初は分散型であった。

その後、日本の電気事業は、電気事業者の乱立と激しい競争から、日本発送電（日発）への集約と現在の地域独占電気事業者への統合が進んだ第2期、高度経済成長による電力需要拡大を支える大規模火力の増強および原子力の導入（一九六六年）を受けて、電源構成の「ベストミックス」へと成熟が進んだ第3期、持続可能性向上を追求した第4期と発展している。

第2期では技術革新によって工場の電化が進み、大規模発電と遠距離送電が可能となり、電力系統が分散電源系統から集中型電力システムに変化した。大規模集中型電力システムは、国家のエネルギー政策に係り、大規模なインフラ投資が必要となる。そのため、国家的な計画の下で限られた事業者による大規模供給設備や長距離送電網の開発が計画的に進められ、政府が認定した公益事業者以外の主体が関与する余地の少ないエネルギーシステムが構築された。

再生可能エネルギーの取り組みが始まったのは一九七四年で、契機となったのは、二〇〇

表 5-1　分散電源技術の発展

西暦	国内分散電源技術	西暦	分散電源産業と海外の情況
第 1 期（1887 ～ 1920　電力産業黎明期）			
1887	25kW 210V 直流発電開始	1882	合衆国 N.Y. 中央発電所運転開始
1891	蹴上水力発電所一部運開（直流 550V 2 機）		
第 2 期 (1920 ～ 1980　電源大規模集中期)			
1921	渋沢元治「電力の統一」提唱		
1927	154kV351km 東京幹線完成	1932	五大電力　カルテル結成
1945	100kV 関門連絡線竣工		
		1950	電力再編成
		1958	電気事業広域運営発足
1965	佐久間 FC（50/60Hz HVDC）運開 331MW BWR（敦賀）運開	1965	御母衣幹線事故（関西地区停電）
1966	「原電」東海発電所運開 （マグノックス型 125MWe）	1973	「オイルショック」
1970 ～ 79	北海道・本州直流連系運開	1974	サンシャイン計画
		1978	第 2 次オイルショック
		1979	TMI 事故（US）
1980	関門連系線竣工	1980	NEDO 設立 「代エネ法」 ソーラーシステム普及促進融資制度 (FIT 制度（Feed-in tariff))
第 3 期（1980 ～ 2010　電源ベストミックス期）			
		1982	三宅島風力発電実証試験
1981	100kW 風車開発（三宅島）	1986	チェルノブイリ原発事故
1992	北海道・本州直流連系増強 （150MW → 600MW）	1991	ウィンドファーム実証試験 （青森県・竜飛岬）
1994	「風況マップ」作成	1993	ニューサンシャイン計画 （ムーンライト計画と統合）
		1997	「新エネ法」
2000	紀伊水道直流連系設備運開	2000	カリフォルニア電力危機
		2002	RPS 法（Renewables Portfolio Standard）
		2009	SPP 法（Surplus Power Purchase Program）
第 4 期（2011 ～　電源持続可能性追求期）			
2011	福島第 1 発電所事故	2012	FIT 制度改訂
		2017	FIT 制度再改訂 2030 年の電力系統模擬実証試験 太陽光発電の遠隔出力制御システム開発実証試験

年まで国家プロジェクトとして進められた「サンシャイン（SS）計画」である。この一大プロジェクトが進められた背景には、前年の一九七三年に起きた、第一次オイルショックがあった。エネルギーを中東の石油に依存していた日本では大きな混乱が起き、安定的なエネルギー供給が求められ、石油だけに頼らないエネルギーの長期的な安定供給の確保を目指す「サンシャイン計画」が、当時の通商産業省（現経済産業省）主導のもとに、産官学の力を結集して進められた。枯渇しないクリーンなエネルギーの活用技術開発の主な対象となったのは、太陽光発電、地熱発電、水素エネルギー、石炭の液化・ガス化である。また、風力発電やバイオマスエネルギーの研究なども、「総合研究」として進められた。

一九八〇年には、サンシャイン計画の推進機関となる「新エネルギー総合開発機構」（現在の「新エネルギー・産業技術総合開発機構（NEDO）」）が設立され、さらに同年一〇月には、「石油代替エネルギーの開発及び導入の促進に関する法律」、いわゆる「代エネ法」が施行され、再生可能エネルギー研究の基盤がつくられた。この計画を契機に、日本国内で太陽光発電の技術開発がスタートしている。一九八〇年に創設された「ソーラーシステム普及促進融資制度」は、個人が住宅にソーラーシステムを設置する際、設置資金の融資が低利で受けられる支援制度であった。この制度は一九九六年度まで続き、太陽光発電の一般家庭への普及を促した。

地熱発電については、一九八〇年から全国の七二地域で資源調査が実施され、秋田県上の岱、福島県柳津西山、鹿児島県大霧、鹿児島県山川、東京都八丈島に発電事業が行われることと

柳津西山地熱発電所。1995年5月より営業運転開始。
（株式会社東北電力ホームページより）

なった。

風力発電については一九八一年に国内初の１００kWという大型風車の開発（三宅島における１００kW級風力発電プラントの研究）が始まり、一九八二年から実証実験がスタートした。また一九九一年には、国内で初めてのウインドファームの実証実験が青森県竜飛（たっぴ）岬で行われた。ヨーロッパなどに比べると日本は地形などの問題から風力発電に適さないのではないかという議論もあり、一九九四年に「風況マップ」が作成された。さらに、風力発電開始当初は台風や落雷で風車が破損するケースもあったため、二〇〇五年から二〇〇八年にかけてＮＥＤＯにより「日本型風車発電ガイドライン」が策定され、日本特有の自然条件に適合する風車のあり方が定められた。

なお、サンシャイン計画は、一九九三年、省エネルギー技術の研究開発を目指す「ムーンライ

竜飛岬の風力発電。
（写真提供：株式会社東北電力）

ト計画」と統合して、「ニューサンシャイン計画」に改組されている。この頃、地球温暖化問題がクローズアップされ始め、代替エネルギーや省エネに関する取り組みは、エネルギーと地球環境保護という二つの目標に取組む計画として改められている。一九九四年には、総合エネルギー対策推進閣僚会議で「新エネルギー導入大綱」が策定された。この大綱で初めて、再生可能エネルギーを含む新エネルギーや、コージェネレーション・システムなど、エネルギーの新しい利用方法を積極的に導入すべきであるという指針が示された。

一九九七年には「新エネルギー利用等の促進に関する特別措置法（新エネ法）」が施行され、太陽光発電、風力発電、地熱発電、バイオマスエネルギー、天然ガス、コージェネレーション・システムなどの新エネルギーの開発が強化されることになった。

再生可能エネルギー導入策としては、二〇〇二年にRPS（Renewables Portfolio Standard）法が施行された。この法律は、風力発電や太陽光発電等、新エネルギーの拡大を目指して、電気事業者が利用するエネルギーに対して一定量以上の新エネルギーの利用を義務付けたものである。電気事業者はその調達に関しては、電気事業者が自ら発電するほかに、他社より調達できるようにもなっている。二〇〇九年から住宅（個人が居住するための家屋）用の太陽光発電を対象として余剰発電電力の買い取り制度（SPP法：Surplus power purchase program）が施行され、二〇一二年七月からは固定価格買い取り制度（FIT法：Feed-in Tariff）に移り導入量が著しく増加した。

二〇〇三年から二〇一六年までの再生可能エネルギーの導入量[*2]は二〇〇二年のRPS法施行により年五％の伸び率であったのが、二〇〇九年の太陽光発電の余剰電力買い取り制度の施行により年九％の伸びとなり、さらに二〇一二年七月のFIT法により年二六％の伸びとなった。なかでもリードタイムの短い太陽光発電の増加が顕著であることがわかり、政府施策が効を奏しているといえる。

しかし、FIT施行後から二〇一六年六月の時点における政府認定量と運転している太陽光発電設備の導入量を見ると、四年間で認定された設備容量81GWに対し、32GW（四〇％）は運転されているが、残り49GW（六〇％）は運転されていない状況にある。[*3]二〇一七年一二月の時点においても運転されていない設備容量は五七％と大きい。特に10kW以上で運転されていない設備容量は大きい。理由は土地の取得が進まなかったり、資金が集まらない等といった問題があり、運開が遅れていると報告されている。対策として政府は二〇一七年四月に、認定を受けてから運転を始めるまでの期限を決めるように認定制度を改正している。改正されたFIT法によると10kW未満では期限は一年であり、期限を過ぎると認定は無効となる。また10kW以上では期限は三年で、この場合は運開が遅れた分、売電期間が短縮される。

第3期の一九八〇年代は、産業のエネルギー需要やホームエレクトロニクス化が進み、コストダウンの趨勢となり、これに促された電力自由化、低炭素化の要請および系統運用上の技術革新から、世界的に分散型エネルギーが再評価されるようになった。ここでの分散型電源システムは、送配電網において公正に開放され、設備拡充と広域での系統運用が行われ、さらに通信機能によって運用の質的高度化がなされるとの特徴を有し、地域との親和性が高いエネルギーの需給がなされるシステムである。[*4][*5] 日本において「大規模集中型エネルギーシステム」を温存するエネルギー政策が形成されてきた要因は、原子力を筆頭とする大規模集中型電源システムへの政策的資源の投入によって、再生可能エネルギーの普及や省エネの進展がほとんど進まなかったからといわれている。

第4期は東日本大震災による放射能の拡散を契機に脱原子力の趨勢にあり、地域資源（地産地消）の分散型電源としての再生可能エネルギーの導入やさらなる省エネ化が進み現在に至っている。

表 5-2　分散電源の分類と特徴

分類	設備	資源	供給	特質	特質
化石燃料利用	ディーゼルエンジン、ガスエンジン	重油、ケロシン、LPG等	電力、熱	発電時に発生する熱を回収する　コジェネシステム(CGS)により、総合エネルギー効率が向上する。	Combind
	ガスタービン	都市ガス、LPG等	電力、熱		Heat &Powe
	廃熱回収型冷蔵庫	償却可能廃棄物	電力、熱		Generation
再生可能エネルギー	太陽エネルギー発電	太陽エネルギー	電力	CO_2を発生しないので環境への影響が小さい。	熱、光
	風力発電	風力	電力		
	バイオマス発電	木チップ、スラッジ	電力		
	中小水力発電	水力	電力		
	地熱発電	地熱	電力、熱		金属腐食あり
水素エネルギー	燃料電池	水素、酸素、等	電力、熱	水素と酸素との化学反応による　発電なので、発電効率が高い。　副産物が水なので汚染が少ない。	
電力貯蔵	揚水発電	重力エネルギー	電力	電力需給の調整(ピークカット)や緊急時対応(停電対応)にも　使われる。	
	圧縮空気貯槽	機械エネルギー	電力		CAES
	超電導エネルギー貯蔵	電気エネルギー	電力		SMES
	フライホイール発電	物理エネルギー	電力		

分散型電源の分類と特徴

表5—2に分散型電源の利用する資源による分類と特徴を示す。[*6] 資源として大きく分けて従来からの化石燃料、再生可能エネルギー、水素を主とした燃料電池、電力貯蔵等があり電力や熱を供給する。分散型エネルギーは、ディーゼル・ガスエンジンに代表される自家発電、太陽光発電や風力発電の再生可能エネルギー、水素を主燃料とする燃料電池やリチウムやNaS蓄電池、および揚水発電や二次電池のエネルギー蓄積の大きく四種類に分けられる。これらを構成要素とする地域分散型エネルギーシステムへの移行に関して分散電源は電力供給のリスク分散やCO^{2}など温室効果ガスの削減効

果をはかる機運の高まりを受け、導入拡大が期待されている。一方、将来の電力供給形態を大規模集中型から小規模分散型へ移行しようとする動きもある。再生可能エネルギーを利用した循環型社会の構築は、エネルギー自給率の向上を目指す我が国のエネルギー政策の視点からも最も重要課題である。太陽光発電・風力発電などの自然エネルギーは、出力の不安定性や高コストなど共通の課題を抱えており、この解決とともに、将来的には、地域の特色や用途に合った多様な分散型電源を組み合わせることにより柔軟性の高い電力ネットワークが構築されていくと考えられる。

分散型電源の現状と課題

コジェネレーション・システム　発電効率は二五％から四〇％、エンジンからの廃熱回収率は三〇％から五〇％である。グリッド内における電力供給安定性の確保には有効であるが、経済性の向上が最重要課題といわれている。

再生可能エネルギー　太陽光発電はＦＩＴ制度開始後急速に導入が進んでいるが、発電コストは諸外国に比べると高く、低減が課題である。風力発電は系統制約や環境アセスメント、地元との調整等により高コストを招き導入量は伸びていない。洋上風量は一般海域における事業環境の整備が必要である。バイオマス発電は低コスト化が課題。中・小水力発電や地熱発電は高建設コストの問題があり、新規地点の開発は進んでいない。

水素エネルギー　水素エネルギーによる燃料電池は、家庭用や産業用の定置用、自動車用、携帯機器用電源として広範な業界において実用化が進んでいるが、産業用としてのリン酸型燃料電池はコスト面の課題から普及に至っていない。常温での作動も可能な固体高分子型燃料電池の実用化が望まれている。

電力貯蔵　電力貯蔵設備は、電力を発生する手段は持ち合わせていないが、他で発生された電力を貯蔵し、必要なときに負荷に供給する手段として重要である。揚水発電、圧縮空気貯蔵（CASE）、超電導電力貯蔵（SMES）、フライホイール発電機等はすでに技術的に開発済であり、実用化もされている。蓄電池のうち鉛電池は広範囲に利用されている。またNAS電池も実証試験が行なわれている。レドックスフロー電池やリチウム電池は大容量化の課題があり、総じて蓄電池は電池コストをいかに下げるかが課題である。

大量導入に伴う電力ネットワークの現状と課題

分散型電源として持続可能な再生可能エネルギーが、従来の電源に併設あるいは置換されて既存の電力系統に大量に導入されていくことになると、大規模な火力発電所の廃止により、一部の地域では季節的な需要が減少し、発電割合の変化が激しくなってくる（ダックカーブ問題といわれる）。

また、電力系統においては非同期電源の割合が増加したことにより、短絡容量の低下、慣性力の低下、制御性の低下等が起きてくる。変動する再生可能エネルギー供給源の大量導入に対して、当面火力で調整することになるが、将来に向け蓄電池の開発や水素エネルギーの活用が必要となる。

需要家側には需給調整が可能な設備として、電気自動車（EV）やデマンドレスポンス（DR）による需給調整も考えられている。信頼性の高い分散型システムのエネルギー・ネットワークとするために需給調整が重要であり、次世代ネットワークでは電源設備や装置・機器の通信設備を介した情報のやり取りや従来の大規模集中型システムと分散型システム間の協調が必須となると考えられる。

さらに、再生可能エネルギー電源を主力電源化するためには、高コスト構造の解消や既存電力ネットワークの増強や拡充が必要である。

分散型電源大量導入に向けた実証試験の例

①二〇三〇年の電力系統を模擬した実証試験[*7]

二〇一七年四月から東京都新島村の新島と式根島で行っている。そこでは、風力発電を始めとする再生可能エネルギーの出力予測・出力制御、ディーゼル発電機などの既存電源や蓄電池との協調運用制御を行い、再生可能エネルギーを最大限受け入れ可能な系統システムの構築・評価を行っている。具体的に、再生可能エネルギーや蓄電設備の制御のユースケースを、余剰電力対策制御、変動緩和制御、計画発電制御に場合分けし、それらを最適に組み合わせた運用が行われている。さらに、電力システム改革により将来想定されるリソースアグリゲーションやバランシンググループを想定し、複数の分散型制御システムを互いに協調させる運用システムの実証を行うこととしている。

②太陽光発電の遠隔出力制御システムの開発[*8]

これは、天候によって出力が変動する太陽光発電設備を安定的かつ最大限に活用するために、大規模から家庭用を含む小規模まで、通信回線を用いた出力制御を行う遠隔出力制御システムを開発し実証する試験である。再生可能エネルギー固定価格買取制度の省令改正(二〇一五年一月)により、新たに系統連系する太陽光発電や風力発電などに遠隔出力制御システムの取り付けが義務づけられたことを受けての実証試験である。電力会社の中央給電指令所などにおいて、地域内に分散している太陽光発電設備の発電出力を把握し、これを踏まえた出力制御の指令を行う機器や発電出力のマネジメントシステムの構築を研究開発している。また、蓄エネルギーとの連動などを踏まえた需給制御手法の開発と実証、自端制御機能を備えたPCS(パワーコンディショナー)機能の高度化開発も行っており、再生可能エネルギーのきめ細かな出力制御を可能とし、電力系統を安定に運用することが目的である。

③電気自動車と電力システムの統合[*9]

統計によると自動車の一日の平均走行時間は約一時間であり、残り二三時間は駐車中である。

実証試験は、駐車中に電力系統と接続して自動車が持つ電力を電力系統の短時間変動に対する調整（アンシラリーサービス）や非常時の電力供給に利用するシステム（V2G）の開発である。車が電力融通（双方向の電力流通、充電・放電）する電力系統としては、家庭・事業所・地域など小規模系統から大規模商用系統まで考えられている。

太陽光発電や風力発電などの変動する再生可能エネルギーを系統にできるだけ多く取り入れるためには、系統側の指令によって調達可能な応答性の良い自動車電池電力の活用が有効である。系統が時々刻々行っている周波数制御、瞬動予備力などのアンシラリーサービスに自動車電池電力を利用できれば、系統の設備・運転の節減になる。開発により以下の効果が生まれると記されている。

①電力系統では、アンシラリーサービスのために揚水発電・石油火力発電などのピーク電力用発電設備を運用する。電気自動車からの電力融通を利用することにより、これら設備との運用を削減でき、その分の設備コスト、使用エネルギー、CO_2排出などを低減できる。

②再生可能エネルギー大量導入時には余剰電力を均衡させるための電力貯蔵用蓄電池とその運用が必要となるが、電気自動車の電力融通と電池の電力貯蔵利用により、これらの設備と運用を削減でき、その分の設備コスト、使用エネルギー、CO_2排出などを低減できる。

③電気自動車が行うこれらのサービスに対して、自動車側にサービスに見合った対価が支払われ、自動車ユーザーはその分自動車保有費用を低減できる。

需要地系統の電力ネットワークの提案（扉に掲げた図 参照）

以上の調査結果をもとに需要地系統の分散型電力エネルギー・ネットワークシステムを検討し、ＰＳ－21の委員であった小西博雄氏が、以下の提案を行っている。同氏は、日立製作所において電力系統を支える制御装置などの研究開発と製造に従事し、現在、福島再生可能エネルギー研究所（ＦＲＥＡ）で福島の復興に尽力している。

新規にシステムを構築する場合には、各地域で実証が行われているマイクログリッドやスマートグリッドの構成をとることも可能であるが、時間とコストが懸かる。したがって、ここでの検討は、現状システムを大幅に変えることなく既存の系統を有効活用することとしている。

勘案した主な観点は。まず、３Ｅ＋Ｓ（Environment, Energy, Economy, and Security）を実現するネットワーク構成とする。次に、配電系統の低損失化、非常時の電力融通の容易さを考え、配電線（フィーダ）の接続点及び末端に遮断器を設け他の配電線と接続しループ運用を可能とする。さらに、分散電源のインバータに電圧安定化や周波数維持、ＦＲＴ(Fault Ride Through)機能を持たせる。(日本版グリッドコード（案）[*10]の具備)。また、異常時や災害時は各部遮断器で事故点を分離して分散型電源による自立した運転を可能とする。このとき、ＩＣＴ（情報通信）技術やＡＩ（人工知能）技術を積極的に活用しインテリジェントな運用を行う。同時に、各種情報、計測値をもとに分散型エネルギー供給システムのＥＭＳ(DS_EMS)により分散型電源による最適な需給制御を行う。

これらを踏まえ、大規模集中型システムのＥＭＳとの協調をとった運用を行う。総合的視点として、低コスト化を図り、需給バランスの取れた停電のない設備構成とする等である。

本章の扉に掲げた図において、損失の少ない効率的な電力ネットワーク運用を行うために、従来の配電線運用を放射状からループ状にし、フィーダに遮断器を設けて他のフィーダと接続する。系統事故時の事故点を分離することを目的に、フィーダ接続部や各部に遮断器を接続することが既存配電線と異なる。各フィーダには分散型電源が設置され、常時安定に電力供給が行なえ、上位系統からの電力融通を極力少なくした運転（スマートグリッド運転）が行えるように、需給バランス（ΣPGEN ＞ ΣPLOAD）を取った低コストの設備構成とすることが重要である。分散電源は再生可能エネルギー（ＰＶ、ＷＴ、バイオマス）や蓄電池（ＥＶ、バッテリー等）、燃料電池（ＦＣ）等を含み、地域で共有または各家庭に設置する。スマートグリッド運転を行うために必要な系統の有効・無効電力（P,Q）や線路の電圧・電流（V,I）の情報、及び系統の各種情報は配電用変電所やＩＴ開閉器に備わった各種センサによって取得する。低コスト設備とするために上位の大規模集中型エネルギー供給システムのエネルギーマネージメントシステム（ＥＭＳ）と協調を取った運転を考えることが重要であり、災害に強いシステムとする。常時の運用は需要地系統分散型エネルギー供給システムのエネルギーマネージメントシステム（DS_EMS）が行い、分散電源の機能を十分に活用することを考え、DS_EMSからの指令により損失最小化を行うための潮流制御や系統電圧制御等を制御可能な分散電源のインバータによって行う。

この提案が、福島地域でコストの上でハードとソフトの協調が取れた電力システム構成として実現し、福島の復興に寄与することが期待される。

注

＊1 電気学会技術報告 #1498「歴史に学ぶ21世紀に於ける電力系統技術」第3・2節、二四―三〇ページ、二〇二〇年

＊2 「1.2 日本と世界の自然エネルギー」『自然エネルギー白書』環境エネルギー政策研究所、https://www.isep.or.jp/jsr/2017report/chapter1/1-2

＊3 スマートコミュニティーサミット2017「太陽光発電を取巻く状況と今後の課題」NEDO, 2017. 6.8

＊4 稲澤泉 書評、環境経済・政策研究 Vol. 10, No.1, 76–79, 2017.3

＊5 植田和弘監修、大島堅一・高橋洋編著『地域分散型エネルギーシステム』

＊6 JEMAホームページ「新エネルギーシステム―分散型電源システム」

＊7 NEDO: スマートコミュニティ（技術／成果情報）https://www.nedo.go.jp/seisaku/smartgrid.html?from=key

＊8 NEDO NEWS「太陽光発電の遠隔出力制御システムの開発―再生可能エネルギーを最大限活用した電力系統の安定制御を実現へ―」2016. 6.27

＊9 堀「自動車と電力系統のエネルギー統合―「プラグインとV2G」によるスマートグリッド」2010.03 OHM

＊10 「太陽光発電の大量導入に向けたグリッドコードの整備」経済産業省（資料（一社）太陽光発電協会、2019.10.8

スマートグリッドの出現

次世代電力網の構築

再生可能エネルギーの大量導入に向けて、電力、通信の双方向性に対応した次世代電力網構築への動きが加速している。この状況に対応するため、系統側のみならず家庭を含む需要側まで取り込んで、電力需給バランスを効率的に制御するシステムを確立することが求められている。したがって、「スマートグリッド」と呼ばれるこれらの技術を事実として掌握し、「スマートコミュニティ」と呼ばれる共同体の下部構造としてそれが果たすべき役割を考慮して、今後どのような技術を開発すべきかを検討する基礎を固めることとしている。そのための実証試験については、前節に触れたので、以下にその背景でどのような議論がなされているかを紹介する。

マイクログリッドに関する議論

デマンドレスポンス（DR）／バーチャルパワープラント（VPP）

資源エネルギー庁において実施した小売り事業者、アグリゲータを対象とするVPP・DRに関する実証の結果明らかにされた課題とは、日本の場合、以下の通りである。

自家発：PPSが手当て済み

民生コジェネ：逆潮できないスポットネットワークに接続されているケースが多い

ＶＰＰ：リソースが限定されてまだ導入されていない蓄電池依存が高い
ＤＲ：調整力市場に売る場合は上げ下げ両方向のリソースが必要、特に太陽光の余剰を吸収することが期待される上げＤＲはインセンティブのかけ方などまだ問題が多い

ブロックチェーン／Ｐ２Ｐ取引

Ｐ２Ｐ取引は小口の再エネ余剰が注目された。これは合衆国ＮＩＳＴ（アメリカ国立標準技術研究所）がトランザクティブエナジー（商取引できるエネルギー。発電事業者から電力需要家まで全ての電気に関わるステークホルダーが電力・情報通信網でつながっていて、電力系統全体の安定を担保しつつ、市場取引を軸として、電気の最適な流れが作り出されている状態のこと）というキーワードで提唱した概念の実現体の一つで、プロシューマー（生産活動を行う消費者）レベルの小口電力相対取引を指す。ブロックチェーンそのものは決済用データベースで、一度書き込むと書き換えができないため、取引が配電線制約で成立しない場合を想定し、配電線制約を確認後に書き込む必要がある。したがって、Ｐ２Ｐ取引がそのままブロックチェーン取引となるわけではない。Ｐ２Ｐ取引実現には、送電系統と同様な配電系統での混雑管理が必要になるという説もある。Ｐ２Ｐ取引を日本で明示的にしようとすると、小口の一需要点、複数契約の解禁、計量法の緩和、小口託送料金の問題が存在しているビジネス的には、Ｐ２Ｐ取引の計量端末コスト、通信コストが小口取引で採算がとれるかどうかが未知数である。

電気自動車／V2X

イギリス・フランスは二〇四〇年に全ての自動車販売の電動自動車化を表明している。ノルウェーは二〇二五年に全ての自動車販売をゼロエミ化するとし、インド、ブータン、中国などアジア諸国は電気自動車シフトを表明している。日本で電気自動車が小型乗用車で一〇〇%になると小型乗用車六千万台の電気自動車が3kWの普通充電器で一斉に充電すれば、六千万台×3kW＝18000万kW＝180GW（ほぼ系統規模）が必要となる。V2Xは、電気自動車に蓄電された電力を戻して利用する技術であるが、V2HやV2Bのような建物単位の利用や、系統への貢献を行うV2Gがある。特に、V2Xには以下のような問題がある。

①自動車から出力する電力は直流か交流か
②電気自動車の直流内部電圧
③電気自動車の出力
④V2Xの制御プロトコル
⑤ビジネスモデル

マイクログリッドの解釈

マイクログリッドは、連系、非連系にかかわらず需要と電源のバランシングに責任を持って管理する機能を持つ小規模系統である。その運用主体が電力会社か非電力会社であるかは、直接は関係がない。

垂直統合の電気事業の世界では、物理的に明確なマイクログリッドを形成しやすい。水平分割（発送電分離）した世界では送配電設備を社会基盤として活用できるため、自由競争小売り事業者やアグリゲータが需要を束ねて、需給の責任を持つ事業を行うのもマイクログリッドの亜流である。日本では二十世紀終盤から、半導体工場の一部やビルなどの民生需要家で独立運転する技術が進歩している。最終的にはマイクログリッドは電力（設備）会社の主要技術になる。

その他の論点

地産地消とレジリエンシー（事故などの異常状態に対応し復旧する能力）

地産地消のみを目的のマイクログリッドは経済性が出しにくい。北海道のブラックアウト（二〇一八年）以来、レジリエンシーが注目されている。レジリエンシー対策の場合には、確保すべき電源の規模、ステークホルダーが多くないなどの理由から範囲を限定した方がよい（自営線はリスク要因になる）。

レジリエンシー対策を重視する場合、分散電源の保護をどうするかよく議論することが肝要である（太陽光発電が停電時に動かなかったといって裁判になった例がある）。

限界集落対策（ユニバーサルサービスの行方）

今後、過疎化に伴い配電コストがかかる限界集落からマイクログリッド化する可能性を示唆する意見がある。今展開されている南太平洋島嶼地域のマイクログリッドや、東南アジアなどでのディーゼル系統の再エネ置き換えなどは、その先鞭の例になる。電気事業者が屋根置きPVを配電線の替りに設置するビジネスモデルは世界でいくつか検証（NEDOはカナダのオシャワで実証）済みである。

標準化

特にレジリエンシーマイクログリッドに強い関心がある米国では、IEEE2030の規格において、インターオペラビリティ（相互接続性）に注目したマイクログリッドに必要な標準化が進行している。

ユースケースによるシステム的アプローチによる標準化議論が必要であるが、直流に関する規格も議論が進行中である。日本が最もこれら議論に遅れている。一例として、北米では太陽光インバータの直流側地絡検出器を義務付けている。

オールインバータマイクログリッド

必ず周波数を発信するインバータが存在する。これは直流のような特性ゆえに、需給バランス確立のためには発電端、需要端すべてで潮流を監視する必要がある。マウイではPXISEという企業がPMUを使ったオールインバータ型マイクログリッドの要素研究を実施している。

参考文献
電気学会技術報告「歴史に学ぶ21世紀に於ける電力系統技術」第2・2節、一〇―一三ページ、二〇二〇年
諸住哲「グリッド関係の新しい展開」PS-21-11-003
諸住哲『スマートグリッド』アスキー・メディアワークス、二〇一二年

情報通信技術と人工知能技術[*1]

「学会の部門横断で未来のスマート社会を！」

電力系統工学は、コンピュータの導入により大きく発展した。それを支えたICT／AI技術（情報通信技術と人工知能技術）はコンピュータの発展なしには成立しえないものといえる。ここでは、この両者の関係を歴史的に辿りつつ、その適用の現状と将来に向けた課題を技術革新の観点から分析し、「スマートコミュニティ」といわれるものの内実を技術的に構築する上での示唆を歴史に学ぶものとして得ようとしている。

電力系統技術を包括する電気技術の発展と普及を担う電気学会は、未来のスマート社会構築に電気学会がどのように貢献できるのかを考えるため、二〇一七（平成二九）年横山明彦会長より、

「部門横断で未来のスマート社会を！」というスローガンが表明され、部門横断による技術開発ビジョン（事業者が協調して利用できるデータ、ヒトとIoT、AIの役割分担、サイバーセキュリティ、海外展開、国際標準化、システム全体を把握できる人材の育成など）を提示していくこととなった。その基礎として、部門横断の取組みに向けた現状分析を行い、例えば、図5―1に示すエネルギーシステムのネットワークアーキテクチャの上に、電気学会が編成する各部門の調査専門委員会などの技術活動をマッピングすると、各テーマに関する各部門の役割を可視化できる。これを学会ホームページ上で公開し、会員を始め社会に広く活用されることを目指す。マッピングに当たっては、過去の技術報告、現在活動中の委員会、人材と関連付けることが、学術資産の活用や学会活動の理解を促進する上で有効と考えられる。例えば、電力系統技術に関わる諸活動はサービス層から物理層に至るすべての層に関わっていることが示される。

こうしてさらなる分野・部門横断の活動が期待され、今後、具体的な取組みが進展するものと思われる。例えば、電気学会Ⓒ情報通信部門（C部門）主体に取り組んでいるサイバーセキュリティ技術は、様々なシステムに係わりのある共通的な取り組みと考えられる。一方、注目すべきキーテクノロジーとして「センサ」に着目した合、システム技術的観点から「センサ・計測」「回路」「情報処理」「通信」が一体となったもの（物理層、現場レベルからの発展）が重要と考えられる。さらに社会実装を推進するためのアウトプットとして、「標準化」の視点も重要となる。また、超スマート社会のプラットフォームのうち、これまで取り上げられなかった「地域包括ケアシ

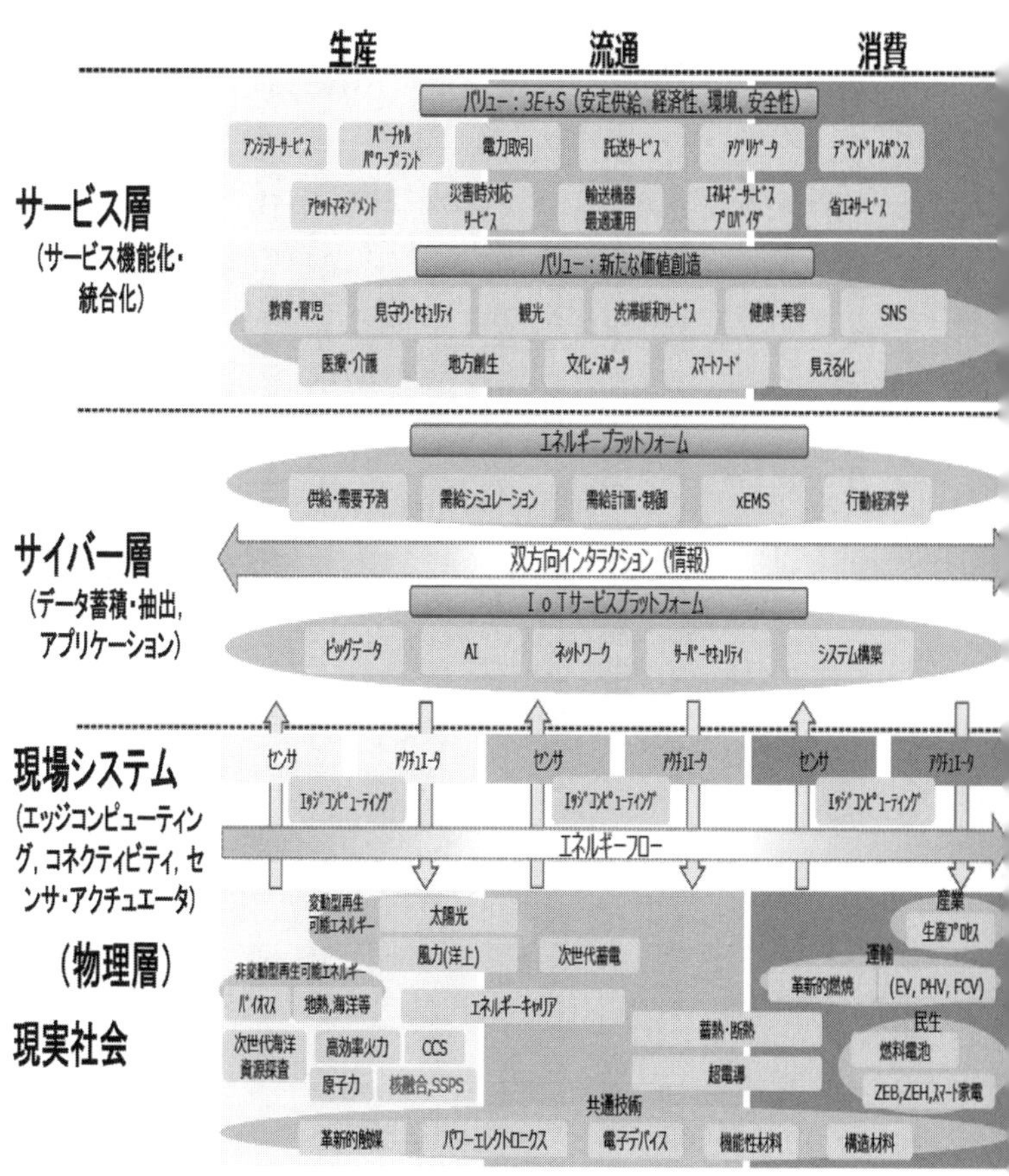

図5-1　エネルギーシステムのネットワークアーキテクチャ

ステム」において、例えば、医療系や福祉系の取組みなど、新たなテーマを設定することも興味深い。[*2]

AI技術の発展

機械学習の時代（Machine Learning）

ＡＩ（人工知能）の研究が学問分野として確立したのは、一九五六年夏にダートマス大学のキャンパスで開催された会議がきっかけである。[*3] 人工知能を実現可能とする根本的なブレークスルーを提供したのは数理論理学の研究であるが、その鍵となる洞察はチューリングマシンといわれている。その後一九七〇年代の「ＡＩ冬の時代」を経て、一九八〇年代にＡＩプログラムの一形態である「エキスパートシステム」が世界中の企業で採用されるようになり、知識ベースシステムと知識工学がＡＩ研究の大きな領域となった。[*4] 一九八一年日本では通商産業省が五七〇億円をかけた第五世代コンピュータプロジェクトを開始したが、当初掲げた様々な目標を達成することなく一九九一年に完了し、「ＡＩ冬の時代」が終わったとはいえなかった。

深層学習の時代（Deep Learning）

一九九〇年代に入るとファジィ理論とニューラルネットワークを組み合わせたニューロファジィが様々な製品に搭載されるようになり、白物家電製品にも機能として「ニューロファジィ」

等と明記されるようになった。これらは「ＡＩ冬の時代」のトラウマというべきか、ＡＩ技術が日常生活に活かされたものとは認知されていない。遅くとも二〇四五年には人工知能が知識・知能の点で人間を遥かに超越し、科学技術の進歩を主体的に担い世界を変革する「技術的特異点（シンギュラリティ）」が訪れているとする説が、二〇〇五年に発表され物議を醸した。[*5] 二〇一二年のGoogleによるDeep Learningを用いたYouTube画像からの猫の認識成功が発表され、世界各国において再び人工知能研究に注目が集まり始めた。その後、Deep Learningの研究の加速と急速な普及を受けて、二〇〇五年に提唱された「技術的特異点」という概念は、急速に世界中の識者の注目を集め始めた。

補完学習の時代（Complementary Learning）

二〇一〇年以降のビッグデータ収集環境の整備等、Deep Learningの発明と急速な普及を受けて、研究開発の現場においては、汎用人工知能（ＡＧＩ）を開発するプロジェクトが数多く立ち上げられてきた。これらの研究開発の現場では、脳をリバースエンジニアリングして構築された神経科学と機械学習を組み合わせるアプローチが有望とされ、その結果として、Hierarchical Temporal Memory（ＨＴＭ）理論、Complementary Learning Systems（ＣＬＳ）理論の更新版など、単一のタスクのみを扱うDeep Learningからさらに一歩進んだ、複数のタスクを同時に扱う理論が提唱されている。

二〇一八（平成三〇）年に電気学会全国大会のシンポジウム（H2）「人工知能と社会」の基調講演で、松尾豊東大教授は、情報工学（IT）から始まったAI技術がエキスパートシステムを生み出した機械学習の時代を経て深層学習の時代に至る歴史を紐解きながら、コンピュータの画像処理技術が著しく向上した様を生物が「目」を持つに至って画期的な発展を遂げた「カンブリア爆発」に擬え、ニューラルネットワークやラベリングの応用により「学習の容易さ」が達成されていると指摘した。

いっぽうこの「爆発」がAIをして人間を超え「暴走」するものとならないかという社会的懸念を踏まえ、松尾教授は人工知能倫理学会の倫理指針を巡る活動内容に触れた。これを巡る質疑応答は、極めて意義深いものとなっていた。即ち、倫理が人間の感性に根ざし、歴史が社会の安定性に資するものとの観点からすれば、両者の協調が保たれねばならないが、その協調をいかにして図るのかという質問に対し、二〇一七年に国際的に提示された「アシロマ原則[*6]」が紹介された。そこでは多様な価値観に基づく多様な社会目標に対し倫理指針が有効であるかどうかの評価関数をAIが設定できるのか、人間の理念と行動とのギャップ（建前と本音）をAIが埋められるのかといった問題が、AIの持つ有用性と危険性という不即不離の課題として存在することが明らかになった。具体的には、後述するように電力系統技術として実用化が始まっているスマートメータにどのようなAI技術を装荷するかにより、自然と調和した電力の豊富・低廉・安定な供給・流通・消費が実現するのか、自然を破壊するシステムの暴走が突発するのかが「紙一重」の表裏となっているのである。

電力システムへの応用

上記のAI技術の発展は電力システムへどのように応用されてきたかを概括すれば次のようになろう。

AI（人工知能）の研究が学問分野として確立した一九五〇年代には、電気事業における電子計算機の導入が始まり、技術的には情報工学の導入による系統解析技術の進展があり、事業的には経済負荷配分による経営の効率化が図られた。一九六〇年代には、広域運営の進展に伴い系統連系の安定性を確保する潮流計算がより精密にできるようになる一方、設備的に給電自動化が推進された。一九七〇年代には、原子力発電所の制御と運用に電子計算機とその上に乗ったICT技術の応用が不可欠のものとなった。一九八〇年代には、エキスパートシステムを応用したディジタル制御が電力系統の安定性確保と経済性向上に貢献した。また、デマンドサイドマネジメントやリアルタイム料金の設計や分析に活用された技術がAI技術と認識されるとは限らなかった経緯は、上述の「AI冬の時代」という時代背景の所以であろう。

一九九〇年代には、配電システム高度化などの「電力系統インテリジェント化」が各種ICT技術を応用して推進された（図5―2）。二〇〇〇年代に入ると電力設備の信頼度高度化やライフサイクルマネジマントにそれまでに集積された「ビッグデータ」をAI技術により解析し

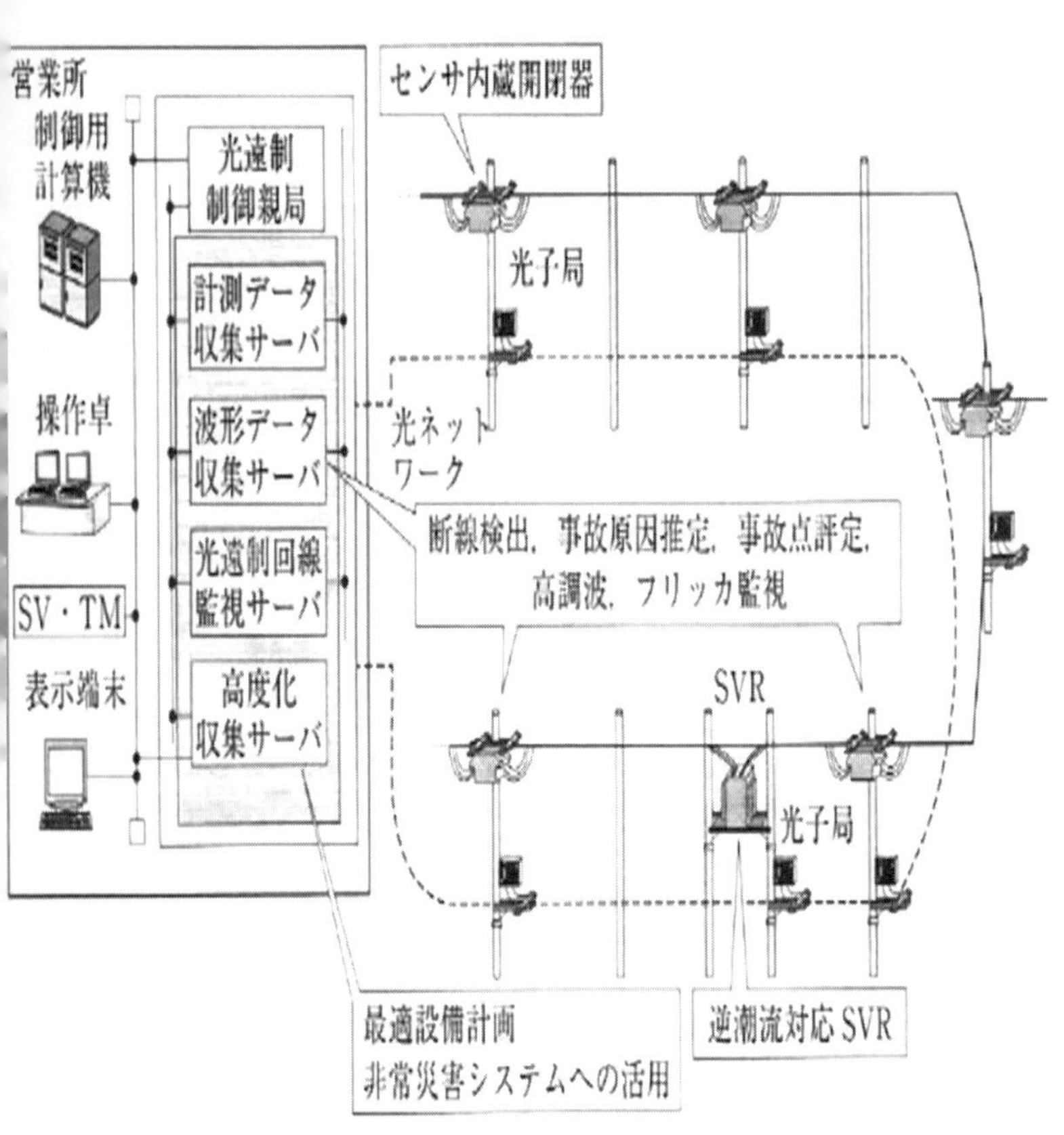

図5-2　配電自動化システム高度化イメージ
『スマートグリッドを支える電力システム技術』(電気学会編、2014) より

応用することが、安定成長下の電気事業経営と技術維持に貢献した。二〇一〇年代に提唱されるようになったスマートグリッドを設備的に支えるスマートメータに応用さるべきＡＩ技術は、「電力自由化」に伴う経営方針の混迷や再生可能エネルギーの導入を巡る諸般の情勢の下、Deep Learning や Complementary Learning の成果を必ずしも十分に取り入れられているとは言い難い。

広域系統監視・保護制御[*7]

再生可能エネルギー電源が電力系統に大量に接続されるようになると、従来に比べ需給の変動や偏在が大きくなり、系統事故時の過負荷や電圧異常、同期安定度などの問題がより深刻化してくる可能性がある。わが国では、系統事故時の事故除去リレーシステムや系統安定化システム[*8]（緊急時保護制御システムと総称）に関し、世界的に見ても先進的な各種システムが早くから導入されてきているが、これまでのシステムは、対象とする系統や設備毎に個別・専用方式で構成されていた。今後、さらに系統の不確実性増大や複雑な構成変化に柔軟に対応するためには、緊急時保護制御システムは、広域系統の状態をリアルタイムできめ細かく監視するとともに、系統事故時には多地点の情報を基に、高速かつ的確に事故除去や安定化制御を行える、広域系統監視・保護制御（Wide Area Monitoring, Protection and Control' 以下 WAMPAC）システムとして統一的に構成していくことが重要と考えられる。

なお、一般にWAMPACシステムは、ＰＭＵ（Phasor Measurement Unit）[*9]などのインテリジェント電子装置（ＩＥＤ）を用いた広域系統監視・安定化システム[*10]を指すことが多いが、保護システムも含めて総合的に扱うことが適切であろう。

一方、電力用通信ネットワークは、給電情報用回線を中心にインターネット・プロトコル（ＩＰ）化が進みつつあり、給電情報システムもサーバなどの汎用技術の適用が進展し、低コストで拡張性のあるシステムとなっている。しかし、緊急時保護制御システム用通信については、高いリアルタイム性や信頼性が要求されることから、ＰＤＨ（Plesiochronous Digital Hierarchy）などの旧来の（レガシー）ディジタル通信方式が適用されてきた。これに対し、近年、保護リレーシステム用通信技術の高度化[*11]やＩＰ系技術の適用可能性検討[*12]がなされてきているが、未だ負荷供給系統の送電線保護リレーシステムに専用イーサネットが適用された例[*13]があるのみである

ＩＰ系の汎用・標準技術を適用することにより、広域・多地点を連携するWAMPACシステムを低コストかつ柔軟に構成することが可能になり、運用性の向上も期待できると考えられる。このようなシステムは、再生可能エネルギー電源の大量導入に対応するため、従来の緊急時保護制御システムの二次系統などへの適用拡大や高機能化にも寄与するものと考えられる。

そこで、次世代型のWAMPACシステムに適用可能な汎用・標準技術を見極め、広域イーサネットや時刻同期技術、水平分散配置可能な機能モジュール型の監視・保護制御装置を適用したWAMPACシステムのアーキテクチャが提案されている。これに基づき、WAMPACシステム

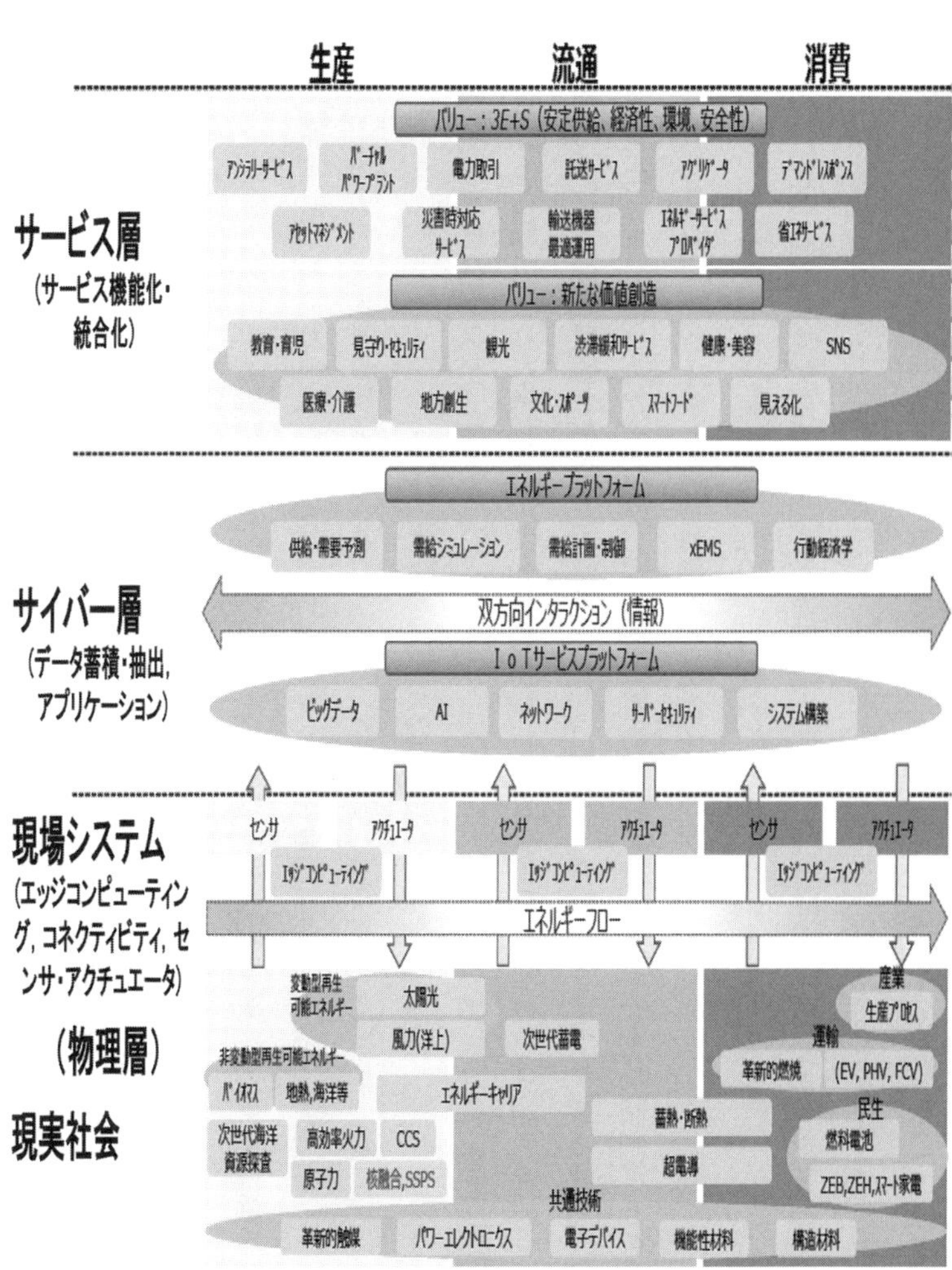

図 5-3　広域電流差動保護の試験的構成 (6)

のプロトタイプが製作された。図5―3に広域電流差動保護アプリケーションシステムの評価のためのプロトタイプシステムの構成を示す。その基本性能の評価とアプリケーションシステムの動作評価により、機能的な実現性が確認された。さらに、広域ネットワークへの適用可能性について、机上評価が行われ、一定の範囲で適用可能性があることが確認されている。

残された課題としては、実規模レベルのネットワークでの本システムの実用性検証、伝送遅延時間の面での制約を緩和するための低遅延マイクロ波無線方式の開発、ネットワーク機器の信頼度向上方策などが挙げられる。[*7]

需給調整サービスシステム

電力資源から創出される調整力による需給調整サービスにおいては、エネルギーサービス事業者（アグリゲータ）の持つ需給調整システムと需要家側のエネルギー管理システムや電力資源制御装置を通信ネットワークで接続し、需要家電力資源を確実かつ安全に制御する必要がある。このためには、通信ネットワークには多数の機器を低コストかつセキュアに接続できることが求められる。

上記のアクタに対し、需要家電力資源を用いた需給調整サービスのアクタ間を接続する一般的なシステム構成を図5―4に示す。ここでは、ビルエネルギー管理システムを例にとっている。[*14]

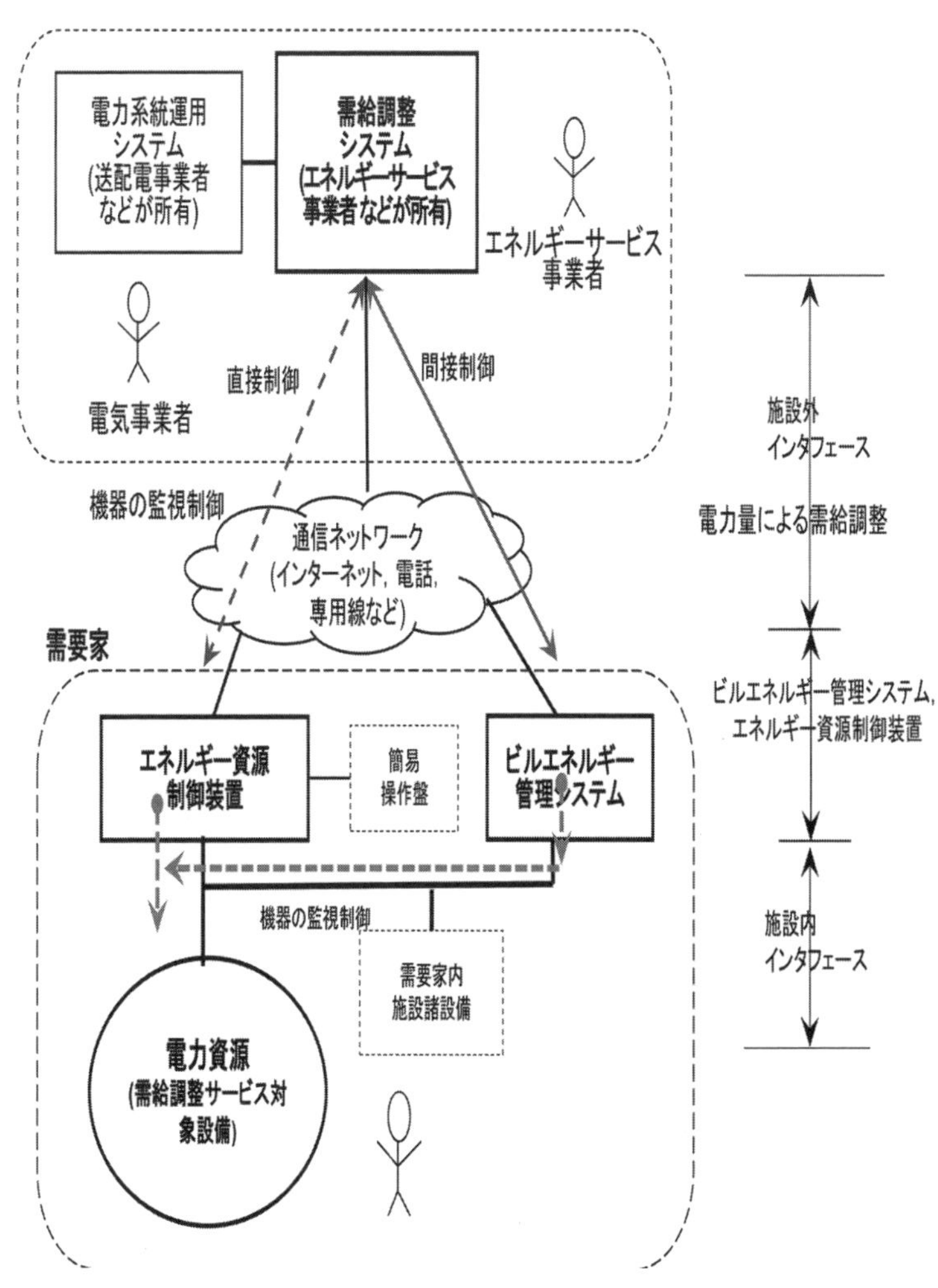

図 5-4　需要家電力資源を用いた需給調整サービスのシステム構成

サイバーセキュリティ

電力システムなどの重要インフラの制御系システムは、従来、インターネットなどの外部ネットワークとは接続せず、独自の通信プロトコルやOSによる閉じたシステムとして構築されてきたことから、一般の情報系システムと同様のサイバー攻撃は受け難いとされてきた。しかし、近年のネットワーク連携の進展やシステム構成要素のオープン化（汎用・標準技術の適用）、ソフトウェア構成装置の増大などにより、制御系システムのサイバーセキュリティ（以下、セキュリティ）リスクが高まっている。スマートエネルギー分野のセキュリティインシデントとして、二〇一五年にウクライナ配電系統管理システムが、マルウェア付きメールによる標的型攻撃を受け、変電所三〇カ所の遮断器の遠隔不正操作により、数十万の需要家で数時間の大規模停電が発生したほか、二〇一六年にはウクライナ送電系統の変電所監視制御システムがマルウェア攻撃を受け、顧客十万以上（１２００kW）が七五分間停電した。二〇一九年七月には、寒波に見舞われている冬の南アフリカのヨハネスブルグで、同市の配電公社 City Power のコンピュータシステムがランサムウェアに感染し、プリペイド式電力契約の顧客で、チャージ額を使い果たした顧客がチャージできず、電気が止まる事態が発生した。[*15]

このようなインシデント事例にかかわらず、エネルギー分野のセキュリティを確保するため、従前よりセキュリティ対策の具体的実装とともに、その標準化が進められている。

送配電系統側については、セキュリティ標準が一定程度定められ、分散型エネルギー資源などの需要側についてもセキュリティ対策の検討が進んでいる。わが国においても、電力制御システムやスマートメータシステムに関するセキュリティガイドラインが定められている[*16]（表5—3）。ただし、現在検討中の需給調整市場などとも関連するアグリゲータなどに関わるセキュリティ対策と標準化は今後の課題である。

表 5-3　IoT セキュリティガイドライン Ver. 1.0 の概要

	指針	要点
方針	IoT の性質を考慮した基本方針策定	・経営者が IoT セキュリティにコミット ・内部不正やミスへの備え
分析	IoT リスクの認識	・守るべきものを特定 ・つながることによるリスクを想定
設計	守るべきものを守る設計	・つながる相手に迷惑をかけない設計 ・不特定の相手とつなげられても安全安心を確保できる設計 ・安全安心を実現する設計の評価・検証
構築・接続	ネットワーク上での対策	・機能及び用途に応じた適切なネットワーク接続 ・初期設定に留意 ・認証機能の導入
運用・保守	安全安心な状態の維持，情報発信・共有	・出荷・リリース後も安全安心状態の維持 ・出荷・リリース後も IoT リスクの把握と関係者への伝達 ・IoT システム・サービスにおける関係者の役割の認識 ・脆弱な機器の把握と適切な注意喚起

ICT／AI技術の将来展望

電力分野では、従来からの集中型電源と送電系統との一体運用に加え、ICTの活用により、分散型電源や蓄電池などと需要家の情報を統合・活用した、高効率、高品質、高信頼な電力システムであるスマートグリッドの実現が目指されている。さらに、スマートグリッドにガスや熱などのシステムも含めたスマートエネルギーへの拡張も指向され、それはCyber Physical Systems（CPS）

表5-4　スマートグリッドの実現に向けた日米欧の背景と電力系統を取り巻く今後の課題

	日本	アメリカ	ヨーロッパ
スマートグリッド実現に向けた背景	低炭素社会の実現（再生可能エネルギーの導入拡大）		
	東日本大地震	発・送電インフラ不足 電力需要の増加 大停電事故	風力適地の偏在化 大停電事故
系統構成	くし形（放射状系統）	メッシュ系統	メッシュ系統
主たる再生可能電源	太陽光発電	風力	風力

電力系統を取り巻く今後の問題

		日本	アメリカ	ヨーロッパ
電圧	配電線の電圧維持の困難化	○		
周波数	短周期変動に対応できる周波数調整力の不足	○		○
	再生可能エネルギーの大量導入による余剰電力の発生	○		○
	太陽光発電および風力発電出力の不確実性	○	○	○
	系統じょう乱による分散電源の一斉停止	○		○
その他	設備増強の代替手段の確立（デマンドレスポンスなど）	○	○	
	分散型電源の単独運転防止機能の確立	○		
	出力変動が大きい電源の増加による潮流制御の複雑化		○	
	双方向通信技術導入に対する通信セキュリティの確保	○	○	○

※欧米については文献調査などで多く取り上げられている課題に「○」を示した

を構成する。近年では、CPSの特徴的な技術であるIoT（Internet of Things）技術を活用して、エネルギー分野のあらゆるモノをネットワーク連携したシステムが指向されている。[*15]

電力系統技術がスマートグリッドにガスや熱などのシステムも含めたスマートエネルギーへ拡張されてゆくと、それは「スマートコミュニティ」なるものが如何ようになろうともそれを支える技術として、ICT／AI技術を活用してゆくものとなる。その将来を展望する上で基本的に踏まえておくべきことは、まず、スマートグリッドを利用する社会が地理的にも歴史的にもそれぞれの特色をもっていることである。また、具体的な例として、コミュニティを構成するステイクホールダーにどのようなメリットを提供できるか、さらにその各論として「デマンドレスポンス」の処理技術をどのように構築するかというような課題がある。

表５―４はスマートグリッドの実現に向けた日米欧の背景と電力系統を取り巻く今後の課題をまとめたものであるが[*17]、そこでは「低炭素社会の実現」を世界共通の背景としつつ、日本の場合は放射状の系統構成のなかで、再生可能エネルギーなど分散電源の一斉停止も課題とされている。「デマンドレスポンス」については、「設備増強の代替手段」の一つとして挙げられているが、ここにComplementary Learningにおける「学習の容易さ」の成果を取り入れるなどＩＣＴ／ＡＩ技術が活用されれば、電気技術の専門家ではない一般消費者がそれぞれの要望に応じた電気の有効活用が図れると期待される。また主要なステイクホールダーのひとつである電力会社等が期待するメリットをスマートメータの制御ソフトにどのように組み込むかもＩＣＴ／ＡＩ技術が、自然と調和した電力の豊富・低廉・安定な供給・流通・消費が実現するのか、自然を破壊するシステムの暴走が突発するのか、「鼎の軽重」が問われる所以である。

なおこの節は、電気学会技術報告「歴史に学ぶ21世紀に於ける電力系統技術」第３・４節、四〇～四三ページを許諾を得て転載している。

注

＊1　電気学会技術報告 #1498「歴史に学ぶ21世紀に於ける電力系統技術」第3・4節、四〇―四三ページ、二〇二〇年

＊2　芹澤善積「超スマート社会に向けた電気学会の部門横断的取組み」平成三一年電気学会全国大会シンポジウム「超スマート社会に向けた電気学会の部横断的取組み—電気学会における標準データベース整備に向けて」S13-1、札幌市（北海道科学大学）、二〇一九年

＊3　McCorduck Pamela: "Machines Who Think" (2nd ed.), pp. 111–136, (2004), Russell & Norvig "Artificial Intelligence: A Modern Approach (2nd ed.)," p. 17, (2003)

＊4　McCorduck: "Machines Who Think" (2nd ed.), pp. 266–276, 298–300, 314, 421, (2004); Russell & Norvig "Artificial Intelligence: A Modern Approach (2nd ed.)," pp. 22–23, (2003)

＊5　Ray Kurzweil; "The Singularity Is Near," Viking, (2005)

＊6　https://futureoflife.org/ai-principles-japanese

＊7　芹澤善積他「ＩＰ系汎用・標準技術を用いた広域系統監視・保護制御システムの開発と検証」電気学会論文誌Ｂ、Vol. 135, No. 10, pp. 624-631, (2015)

＊8　横山明彦・太田宏次監修「電力系統安定化システム工学」電気学会、二〇一四年

＊9　A. G. Phadke and R. M. de Moraes: "The wide world of wide-area measurement," IEEE Power & Energy Magazine, Vol. 6, No. 5, pp. 52-65 (2008)

＊10　V. Terzija, G. Valerde, D. Cai, P. Regulski, V. Madani, J. Fitch, S. Skok, Miroslav, M. Begovic and A. Phadke: "Wide-Area Monitoring, Protection and Control of Future Electric Power Networks," Proc. IEEE, Vol. 99, No. 1, pp. 80-93 (2011)

＊11　電気学会『技術報告書』１２７６号、二〇一三年

＊12　電気協同研究会「新しい通信技術による保護リレーシステムの設計合理化」電気協同研究 Vol. 71,

No. 1 (2015)

＊13　山田純一・森貴弘・福島将太・岡村洋・小比賀勢一・山川寛「広域イーサネットを適用した送電線保護装置」平成二五年電気学会全国大会、6-301 (2013)

＊14　芹澤善積他「需要家電力資源による需給調整サービスのための通信ネットワーク仕様とそのセキュリティ要件」二〇二〇年電気学会全国大会シンポジウム「地球環境保全、電力安定供給の実現を目指した需要家電力資源からの調整力の活用のあり方」S18-4、東京都足立区（東京電機大学）、二〇二〇年

＊15　芹澤善積「スマートエネルギー分野におけるサイバーセキュリティの国際標準化動向」二〇一九年電気学会電子・情報・システム部門大会シンポジウム「Cyber-Physical Systems セキュリティ」TC11-1, 沖縄県西原町（琉球大学）、二〇一九年

＊16　芹澤善積「ＩｏＴ普及・拡大に向けたシステムセキュリティ」二〇二〇年電気学会全国大会シンポジウム「電気システムセキュリティの未来」H6-4、東京都足立区（東京電機大学）、二〇二〇年

＊17　電気学会編『スマートグリッドを支える電力システム技術』二〇一四年

需要家設備[＊1]

電力システムにおける再生可能エネルギーの大量導入や気候変動への対応は、需要家設備にも変革を迫っている。この節では、電力供給事業の黎明期から現在にいたるまでの需要家設備の高度化に影響を及ぼしたと考えられる出来事を振り返り、今後の電力システムにおける需要家設備の方向性を展望する。

電力需要の黎明

明治二〇（一八八七）年、東京電灯は国内で初めて架空配電線による電力供給を開始し、東京市日本橋区に設置された火力発電機から低圧直流配電方式で供給された。その後、神戸、大阪、京都、名古屋でも相次いで電灯会社が設立された。大阪電灯では当初から高圧交流の配電方式が採用され、比較的遠距離の配電が可能であったため、他社も交流配電に移行していった。電気の用途はほぼ照明用であり、官庁やオフィス、旅館などで用いられたが、一般家庭では電灯に比べ安価な石油ランプが普及していた。[*2] 明治から大正初期には水力発電所の建設が進み、低廉で豊富な電力が供給されるようになり、また、タングステン電球の発明による性能向上もあって、家庭にも電灯が普及し始めた（表5—5）。

水力発電所の建設は供給力の過剰も招いた。電灯需要は主に夕方から夜間に発生することから、特に昼間の余剰電力の消化が課題となっていた。大正四（一九一五）年、京都電灯は電熱用料金を設定し、家庭や工場における電熱需要の開拓に成功した。これを受けて各地の電灯会社も余剰電力の消化のための用途拡大を進めた。東京電灯では、他社と提携して昭和肥料会（後の昭和電工）を創設し、石灰窒素と硫安の製造に余剰電力と深夜電力を活用した。こうした取り組みにより、全国の家庭用電熱器の契約容量は大正一二（一九二三）年から昭和二（一九二六）年にかけて、1・5万kWから12・8万kWに急増した。また、電気化学・電気冶金工業の契約容量は大正六（一九一七）年から昭和三（一九二八）年にかけて10・3万kWから68・5万kWへ増加した。[*3]

表 5-5（その１） 分散電源技術の発展

西暦	国内需要家設備技術	西暦	需要家設備産業と海外の情況
第１期（1887 ～ 1944 電力需要の黎明）			
1887	25kW 210V 直流発電開始		
1903	供給事業者数 91 社 発電設備出力 44,252kW 取付電灯数 33．2 万灯 電動機馬力数 4,107 馬力		
1909	大阪電燈 白熱灯 16．8 万灯		
1913	供給事業者数 1,344 社 発電設備出力 503,541kW 取付電灯数 559．3 万灯 電動機馬力数 107,273 馬力		

電気の用途が拡大するにつれて、定額制から従量制に移行していく動きが生じ、積算電力量計の需要が拡大した。[*4] 東京市電気局が昭和五（一九三〇）年に従量需要家（五棟から一〇棟、五六四件）を対象に実施した訪問調査によると、所有率が高い機器は、電気アイロン（三五・三％）、扇風機（一三・七％）であった。[*5] 電気スタンド（二一・七％）、ラジオ（二一・五％）、扇風機（一三・七％）であった。電気アイロンは従来の炭火アイロンに比べ、便利で使い勝手が良かったことから、いち早く普及したといわれている。

需要の拡充と混乱

太平洋戦争後、**昭和二一（一九四六）年**の夏から二二（一九四七）年にかけて、深刻な供給力不足が発生した。資材・資金難によるメンテナンス不足、発電用石炭の絶対的な不足、運転員の不足などにより水力・火力発電共に供給力が低下していたところに、供給力の九割以上を占めていた水力発電が渇水で出力低下を余儀なくされた。昭和二二（一九四七）年二月には全国平均で一八・八％の電力使用制限（関東一六・五％、関西二五・

表5-5（その2）　分散電源技術の発展

西暦	国内需要家設備技術	西暦	需要家設備産業と海外の情況
第2期（1945～1989　需要の拡充と混乱）			
1945	水力電源による供給余剰		
1946	需要回復による供給不足（停電）		
1947	全国的渇水による水力電源不足	1948	最大需要料金制度導入
		1950	電力再編成
		1954	電気料金改定（特約制導入）
		1958	電気事業広域運営発足
1960～1969	「家電ブーム」	1964	深夜電力料金制度導入
1964	電気温水器発売	1973	「オイルショック」
		1974	サンシャイン計画 電気料金改定（三段階制度導入）
		1978	第2次オイルショック
		1979	電気料金改定（時間帯別制度等導入） 「省エネ法」
		1980	NEDO設立 「代エネ法」 ソーラーシステム普及促進融資制度 （FIT制度（Feed-in tariff））

二%）と数回の緊急停電が実施された。[*6]

戦災からの復興に伴い、一転して需要の拡大に供給が追い付かない状況となり、昭和二四（一九四九）年に、送電設備に関する費用を需要家に課すため、電力量料金とは別に最大需要電力に基づく需要料金制度が導入された。[*7] これに対応するため、最大需要電力計、無効電力量計、定時開閉器などが開発された。[*8]

昭和三五（一九六〇）年から昭和四四（一九六九）年にかけて、家電ブームにより電灯需要は約四倍に増大した。テレビ、冷蔵庫、洗濯機はこの時代に急速に普及し、概ね一家に一台の水準に達したほか、掃除機や電気釜などの普及も進んだ。高度経済成長が続き、産業用の電力需要も旺盛であった。急増する需要に対応するため、大量かつ安価に入手できるようになった石油を燃料とする火力発電所の建設が、昭和三五（一九六〇）年頃から盛んになった。第一次石油危機が発生した昭和四八（一九七三）年の石油火力発電用燃料消費量は昭和三五（一九六〇）年の一〇倍以上になった。[*9]

一九六四年には、余裕のある深夜の供給力を活用するために深夜電力料金制度が導入され、深夜に湯を沸かしタンクに貯湯する電気温水器が発売された。[*10] 深夜電力の料金単価は従量電灯の三分の一程度に設定されたことから、専用の積算電力量計と通電時間帯を制限するためのタイムスイッチを組み合わせて計量された。その後、一九八七年に、昼間・夜間の使用量を別々に計量可能な二時間帯別の積算電力量計が開発された。この頃には、電気温水器は全国で二百万台以上普及していた。[*11]

一九七三年の秋、第四次中東戦争を契機にOPEC（アラブ石油輸出国機構）は原油価格を大幅に引き上げた（第一次石油危機）。日本政府は一一月に石油緊急対策要綱を閣議決定し、石油については鉄鋼など一一業種の大企業に対し、電気については契約電力3000kW以上の大口需要家に対し、それぞれ一〇％の使用制限を求める行政指導を行った。その後、法的な規制に移行し、電気については一九七四年一月に電気事業法第二七条に基づく使用電力量制限、用途制限、受電制限などが行われ、同年五月まで規制が続いた。結果的に原油の輸入に深刻な影響は生じなかったが、価格は高水準で推移したことから、石油依存度の低減が重要課題となった。

昭和四九（一九七四）年の電気料金改訂では、低所得者層に配慮しつつ、省エネルギーを促進する観点から、家庭用を中心とする電灯契約に関しては、使用量が多いほど料金単価が上昇する三段階料金制度が導入された。[*12] 大口需要家に対しては、昭和二九（一九五四）年の料金改訂以降、季節や時間帯（昼間・夜間）によって差がある需要をできるだけ平準化し、また、緊急時の一時的な調整を可能とする需給調整契約制度（当初は特別契約（特約）制度と呼称）が用意されており、昭和五四（一九七九）年には時間帯別調整契約、緊急時調整契約、業務用蓄熱調整契約などがあった。[*13] これらと比較すると、小口向けとはいえ季節・時間帯を問わず需要を抑制する意図を持つ三段階料金制度は革新的であった。

昭和五三（一九七八）年に、イランによる大幅な減産と二か月以上の輸出全面停止が発生し、原油価格はさらに高騰した（第二次石油危機）ことも追い風となり、昭和五四（一九七九）年にエネルギーの使用の合理化に関する法律（省エネルギー法）が制定、施行された。背景には石油依存度の低減だけでなく、公害問題や原子力発電の安全性への懸念から、発電所の建設計画が難航するようになっており、建設に要する期間も長期化していたことがある。省エネルギー法の施行により、従来、熱管理法で燃料の使用合理化のみが求められていた大口需要家は、電気についても同様の管理が求められるようになった。新築住宅には断熱性能について、住宅以外の新築建築物には断熱性能及び空調のエネルギー消費効率について、また、機器については自動車、ルームエアコン（冷房専用）、冷蔵庫に対するエネルギー消費効率に関する基準が定められた。

同じ頃、米国でも石油危機による燃料費の急騰に加え、発電所建設に対する住民の反対や環境規制によって発電所の建設費が高騰しつつあり、電気料金の上昇が課題となっていた。こうした背景から、一九八〇年代になると統合資源計画に基づくデマンドサイドマネジメント（DSM）が実施されるようになった。[*14] 統合資源計画は供給力の不足に対して、発電所の建設だけでなく、需要削減策を同列で評価し、費用対効果の高い手段を選択することで、電気料金の上昇を抑制することを企図する。電力会社は、例えば省エネ型の家電製品やランプを購入する顧客に対してリベートを提供するなどの費用対効果が高いと認定された省エネルギープログラムを実施する。その費用は発電所の建設費と同様に電気料金を通じて回収される。省エネルギープログラムだけでなく、季節別・時間帯別料金制度などの料金制度の改善や、電力会社が直接顧客の機器を制御する直接負荷制御などもDSMの方策である。

翻って日本をみると、石油危機後の省エネルギーの努力が奏功し、エネルギー消費効率を表す各種の指標は大きく改善したが、一九八〇年代半ばから円高と原油価格の下落により、省エネルギーの動機が弱まったところに、バブル景気が到来し、電力需要は再び急増した。供給力への懸念が強まるなか、ピーク需要を抑制するコージェネレーション（熱電併給）システムや蓄熱式空調がビルや工場に導入されるようになるなど技術面の対策は講じられた。しかし、需要側の対策を供給側と同列に扱う米国型DSMの視点が取り入れられることはなかった。

設備のスマート化

一九九〇年代以降、気候変動対策が世界的な政治課題となり、CO_2をはじめとする温室効果ガスの排出抑制が要請されるなか、省エネルギー法の改正や地球温暖化対策推進法の制定（一九九八年）など政策面の強化が図られた。二〇〇〇年代に入ると、家庭ではＩＨクッキングヒーターが普及し始め、給湯機器では、電気温水器に比べて大幅な効率改善となるヒートポンプ式給湯機（エコキュート）が登場したことで、住宅のオール電化が進展した。大手ハウスメーカーを中心に、新築オール電化住宅には一九九〇年代半ばから普及が始まった太陽光発電システムが搭載されるケースが増えた。家庭用のコージェネレーションシステムも二〇〇〇年代から普及しており、現在は二〇〇九年に商用化された家庭用燃料電池（エネファーム）が主力となっている。

一九九〇年代後半からＩＣＴの革新を省エネルギーに活用する取り組みが注目されるようになった。四国電力はOpen PLANETという機器の遠隔監視・制御技術を開発し、これを用いたサービスの開発を進めた。関西電力は一九九九年に通信機能を持つ積算電力量計を核とする新しい計量システムの実現に向けた技術開発を開始し、二〇〇八年にその導入を開始することを発表した。[*15] 通信機能付きの積算電力量計は、世界的にスマートメーターと呼ばれるようになり、二〇一〇年六月に閣議決定されたエネルギー基本計画（第三次）において、二〇二〇年代の早期にスマートメーターを全需要家に導入することが目標とされた。

取引用の積算電力量計とは別に、住宅の分電盤に電力量センサを取り付け、家庭内の電気使用量や電気料金などを専用の表示装置で可視化する機器が一九九〇年代の末頃から開発される

表5-5(その3) 分散電源技術の発展

西暦	国内需要家設備技術	西暦	需要家設備産業と海外の情況
第3期(1990〜2020年 設備のスマート化)			
1992	北海道・本州直流連系増強(150MW → 600MW)	1993	ニューサンシャイン計画(ムーンライト計画と統合)
2001	エコキュート登場 Open PLANET 開発	1997	「新エネ法」
		1998	「地球温暖化対策推進法」
		2002	RPS 法
2009	エネファーム商用化	2009	SPP 法
2011	福島第1発電所事故	2012	2012 FIT 制度改訂
2014	「スマートコミュニティ四地域実証」終了	2017	FIT 制度再改訂

ようになった。省エネルギーセンターが一九九八〜一九九九年にかけて八〇〇世帯で実施した実験では、前年比で二〇%の削減が達成され、注目を集めた。[*16] 省エネルギーセンターはこのような機器を総称して「省エネナビ」と呼び、その後も継続的に実証を進め、NEDOの事業では二〇〇二〜二〇〇四年度の三年平均で五・二%の削減効果があったことを示した。[*17]

二〇〇一〜二〇〇五年度には、NEDO技術開発機構による別の事業において、省エネナビのようなエネルギー消費量等の可視化による情報提供機能に、各種センサ(人感、照度、温湿度)や遠隔直接制御により、負荷設備(照明、エアコン等)を最適制御する機能を統合したHEMS(ホームエネルギーマネジメントシステム)の実証試験が全国五地域で実施された。電力会社、電機メーカー、ハウスメーカーなどが参画し、四国電力はOpen PLANET技術を用いて、高松地区における実証主体となった。HEMSの省エネルギー効果は、五地域のうち三地域で約一〇%、二地域で約四%であった(実証期間中、最も省エネルギー率の高かった年度の実績)。効果の九割以上は情報提供によるものであり、最適制御は対象が限定されていたこと、消費者が受容しない場合があったことから、全体への貢献は小さい結果となった。情報提供ではエネルギー消費量の可視化だけでなく、センタサーバーから他の世帯とエネルギー消費量を比較した情報や省エネルギーアドバイスなども届けられた。それぞれの効果は定量的に切り分けられていないが、他の世帯との比較は省エネルギー行動を実施する強い動機付けになる可能性が示唆された。[*18]

業務施設向けのＢＥＭＳ(ビルエネルギーマネジメントシステム)については、設備・機器の中央監視・制御を目的とするＢＭＳ(ビルマネジメントシステム)にエネルギーマネジメントの機能を加える形で二〇〇〇年代前半にすでに商用化されており、ＮＥＤＯ技術開発機構を通じた導入補助事業が行われた。

ＨＥＭＳ実証試験の後、二〇〇〇年代後半にはＨＥＭＳ関連製品(省エネナビ、ピークアラート機能付分電盤、回路別モニタリング・表示装置、太陽光発電システムの表示装置等)や、エネルギー消費量のモニタリングに基づく見守りサービス等の関連サービスが登場していたが、製品としてのＨＥＭＳは初期コストが高く、ビジネスモデルが未確立であったため、本格的な普及には至らなかった。

その一方で、スマートメーターの導入機運の高まりや、スマートグリッド(「再生可能エネルギーを需要家サイドで無駄なく効率的に活用し、系統への負荷を低減する」もの)[*19]への期待の高まりを背景に、次世代エネルギー・社会システムの実証が二〇〇九年度から構想され、四地域において二〇一〇～二〇一四年度に実施された。この事業は「スマートコミュニティ四地域実証」とも呼ばれ、電力会社、電機メーカー、自動車メーカー、鉄鋼メーカーなど多様な主体が参画し、実証内容も、スマートメーターデータ（三〇分ごとの電力量）のＨＥＭＳへの転送（いわゆる「Ｂルート」）、スマートメーターデータ等を活用した新たな料金制度（ピーク料金制度等）によりピーク時の節電を促すタイプのデマンドレスポンス、大口需要家の削減可能な需要を束ねて供給力とするネガワット取引、ＣＥＭＳ（コミュニティ規模のＥＭＳ）、大規模蓄電池等の統合的管理による仮想的発電所（ＶＰＰ）、家電製品等の自動制御、節電アドバイス、Ｖ２Ｈ（自動車から家庭への給電）、超小型ＥＶ（電気自動車）でのモビリティサービスなど多岐にわたった。実証では通信インタフェースの標準化も重要課題として取り組まれた。また、実証期間中の二〇一一年に発生した東日本大震災の影響を受けて、節電への対応や広域停電時の分散型エネルギーシステムの役割は一層の注目を集めた。東日本大震災後の節電に対する社会的要請は、照明分野における革新的技術であるＬＥＤ照明への切り替えをも加速した。

スマートコミュニティ四地域実証の結果を踏まえ、今後の展開に向けた課題として、経済産業省は、ＥＭＳなどの要素技術や蓄電池等の機器のコストが高いこと、ビジネスモデルを描けていないこと、推進役の不在、需要家側のメリットが不明確であることなどを挙げており、スマートコミュニティが自立していくには、なお多くの課題があることが明らかとなった。[*20] これらの成果と課題は、政府の事業としては二〇一六年度以降のバーチャルパワープラント（ＶＰＰ）

実証やエネルギー・リソース・アグリゲーション・ビジネス（ＥＲＡＢ）検討会などに受け継がれている。

今後の展望

この節は、住環境計画研究所所長の鶴崎敬大氏が電気技術史研究会に投稿された公開論文「需要家設備の高度化」（HEE-19-21,2019）をもとに、筆者が年表を作成するなど編集したものであるが、そのまとめに同氏は、次のように述べている。

「歴史を振り返ると、戦争、自然災害、地政学的危機（石油危機）、好況・不況などにより、需要と供給のバランスが崩れる局面が度々あり、料金制度の改革やそれに伴うメーターの進化をもたらした。供給力に余剰が生じた際には、電熱や電気化学工業、蓄熱式空調・給湯などの新しい用途が開拓され、供給力が不足した際には設備・機器の高効率化やＥＭＳの開発・導入が進んだように、供給側の変化は需要家設備を高度化させてきた。

二〇一五年に国連気候変動枠組条約の締約国会議で締結されたパリ協定が、翌年に発効したことなどを受けて、今世紀のできるだけ早い段階で脱炭素社会に移行することが、世界的に求められている。エネルギー効率の向上に加えて、再生可能エネルギー電源が主力化するとともに、電化が脱炭素の有力な手段となり、建築部門や運輸部門を中心にエネルギー需要の電化率は上昇するだろう。需要家設備は、変動性の高い供給力に柔軟に対応する機能を備え、供給力と総需要の変動に合わせて、自らの稼働時間帯や出力を調整するようになるだろう。二〇二〇年に世界を震撼させている新型コロナウイルス（COVID-19）感染症により、人々の生活、仕事やサービスが急速にデジタル化しつつある。社会が感染症への備えを強化するに伴い、デジタル社会のインフラであるデータセンターやIOT端末の需要が急拡大し、電化率はさらに上昇する可能性がある。このように今後、気候変動、感染症あるいは未知の脅威が、需要家設備の高度化を押し進めていくだろう」。

注

＊1　鶴崎敬大「需要家設備の高度化」電気技術史研究会、HEE-19-21, 2019, P.47-50.
＊2　関根泰次編著『エレクトリック・エナジー全書―エレクトリック・エナジー史』オーム社、三一―三二、四八ページ、一九八九年
＊3　関根前掲書、四〇―四一、四八―五一ページ
＊4　エネゲート100年史編集委員会『エネゲート100年史』三六ページ、二〇一五年
＊5　橋爪紳也・西村陽編、都市と電化研究会著『にっぽん電化史』日本電気協会新聞部、二五八―二六一ページ、二〇〇五年
＊6　関根前掲書、七四―七五ページ
＊7　山田宏『日本電気計器の歴史』計量史研究、二〇一一年
＊8　エネゲート100年史編集委員会前掲書、二七ページ
＊9　関根前掲書、七八―七九、九一―九二ページ
＊10　一般社団法人家庭電気文化会ウェブサイト http://www.kdb.or.jp/syowadenkionsuiki.html（二〇一九年

四月一一日アクセス）

＊11　山田前掲論文

＊12　電気事業審議会「電気事業審議会需給部会中間報告」一九七九年一二月七日（通商産業省資源エネルギー庁公益事業部編『昭和五五年度電力需給の概要』一九八〇年に所収）

＊13　通商産業省資源エネルギー庁公益事業部編『昭和五五年度電力需給の概要』三五五―三五六ページ、一九八〇年

＊14　山谷修作「米国電気事業におけるデマンドサイド・マネジメント」『東洋大学経済論集』18-2、一〇七―一二六ページ、一九九三年

＊15　エネゲート100年史編集委員会前掲書、一六二―一六三ページ

＊16　エネルギー需要最適マネジメント検討委員会（次世代DSM検討委員会）『エネルギー需要最適マネジメント検討委員会（次世代DSM検討委員会）報告書「～コスト意識を通じたエネルギー需要の管理・抑制を図るための手段のあり方～」』二〇〇〇年七月

＊17　NEDO技術開発機構（省エネルギー設備等導入促進情報公開対策等事業）「住宅におけるエネルギー使用に係る実態調査及び情報提供事業」二〇〇五事業内容紹介、二〇〇六年一月

＊18　鶴崎敬大「電子情報通信学会知識ベースS4群4編　地球環境とエネルギー」1-6 HEMS,（二〇〇九年九月）http://www.ieice-hbkb.org/files/S4/S4gun_04hen_01.pdf#page=21（二〇一九年四月一一日アクセス）

＊19　経済産業省『次世代エネルギー・社会システム実証事業～総括と今後について～』（第一八回次世代エネルギー・社会システム協議会 資料4）三ページ、二〇一六年六月七日

＊20　経済産業省前掲資料、二九ページ

地産地消と地域共同体[*1]

地域共同体のエネルギー源

人類の生存に必要なエネルギー源は、まず食糧であり、次いで暖をとり野獣の襲撃を防ぐ「火」であった。同時にそれは人類に「明かり」を提供した。電気エネルギーが市民生活に利用されるようになるのは、古代に静電気現象が呪いや見世物に使われた例を除けば、まず照明と、電動機を動力源として利用する工場の動力や、電気自動車と電気鉄道である。それは蹴上発電所を電源とする京都公益電気事業によるものであった。ちなみに、京都市電は、京都市交通局が運営していた路面電車である。一八九五年に日本最初の一般営業用電気鉄道として開業され、一九一二年の市営路線開設を経た後、一九七八年九月三〇日全廃された。

こうした状況の下、日本でも小林一三（いちぞう）や澁澤栄一など有力な資本家が東京府郊外の田園都市計画のなかに民生用の電燈電力供給を織り込む構想や、大井川水系を開発し静岡県を特別工業地帯とすべく、新たな地域開発と安価な電力供給を組み合わせた構想を試みた。[*2] いっぽう、第二章で観たように日本の電力系統は長距離送電線の建設が工業地帯の電力需要を喚起する傾向で形成されてきた。これは後年（一九三〇年代）の電力国家管理を容易に導くとともに、第二次世界大戦後（一九五〇年代）においても産業需要への供給力優先というシステムを維持するものとなった。したがって、表5—6（その1）に示すように、日本では一九七〇年代に至るまで、

コラム「空気の研究」その5

本書を構成する重要な要素の一つは、PS－21の技術報告書 (#1498) である。あくまで筆者独自の出版とすべきものの、この報告書から転載引用が必要であり、著作権者である電気学会にその許諾を申請した。第5章の「地産地消と地域共同体」は、21世紀にあるべき電力システムが一般市民と電力系統技術とを適切に結び付けたものとして計画されるうえで重要なカギとなるものである。技術報告書 (#1498) の他の部分は何とか異なる記述も可能であったが、第5章のこの部分は、報告書の中でも慎重な検討を重ねた所であり、できれば報告書の転載引用が許諾されることを期待した。しかし、事実に基づく合理的な理由が示されることなく、その許諾は得られなかった。

その事情が推測できないわけではないが、その決定を促したものは「空気」であると思われる。さは然りながら、ここで学会事務局を批判することは不適切である。何故ならば、今回の決定に至る事務局各位のご対応は、極めて誠実かつ真摯なものであるからである。ここに空気の空気たる所以があり、空気に拘束されていることをみだりに批判することが適切を欠く懼れは常にあり得る。ただ、この空気に便乗し、行政権力に阿(おもね)る言論の自由拘束を企む輩がいるとしたならば、その事実は看過できない。この決定の是非は、長い歴史に学び、時代とともに変化する価値観や倫理観の中で問われ直すことであろう。

忍び寄る空気に耐へつ竈猫　　（青史）

地域共同体への電気エネルギー供給に見るべきものがない。この状況が、二十一世紀に入り顕著になった「システムの制度疲労」の克服策として注目されている「地産地消」という供給システム構築を日本では難しいものとしている要因の一つとも考えられる。ところで、日常生活に不可欠な「電気」としては古くは電話やラジオに始まる情報システムがある。情報によって人々が動かされるという意味で「情報」がエネルギー源の一つであるという見方もないわけで

表5-6（その1）　地産地消電力系統の発展

西暦	国内地産地消電力系統技術	西暦	国内地産地消電気事業と海外の情況
第1期（1880～1970　黎明期）			
1887	25kW 210V 直流発電開始（単独櫛型系統）		
1892	1000V 交流発電（京都市・蹴上）	1892	京都市公営電気事業開始
			このころ、都市郊外住宅地や工業地帯への単独電力供給計画（構想のみ）
		1875	世界初の地域暖房
		1893	世界初のコジェネレーション（ドイツ）
		1934	青森県営電気事業認可（最後）
1941	配電統制令（公営事業廃止）	1950	ポツダム政令（電力再編成）

はない。

寒冷な北欧諸国と並びドイツでは、石炭が豊富で火力発電所からの熱併給による暖房や蒸気動力の利用が基盤となり、旺盛な地方自治確立の意識に支えられてStadtwerke（都市公社）が十九世紀中頃から機能しており、電力・ガス・熱供給の他、水道・下水処理・ごみ収集等も実施してきた。例えば、一八七五年世界初の地域暖房が実施され、一八九三年にはコージェネレーションが登場した。このように欧米では熱併給発電事業が普及し、さらに戦時リスクを勘案した分散型電源の導入促進の動きはみられた。これに比して日本では工場で熱併給発電が種々実施されたが、地域冷暖房システムのような民生や家庭用の熱併給は、夏場の冷暖房が必須であったこと等、導入にあたっての困難な要因が少なくない。

それにもかかわらず、地域電力供給の事業主体となり得る公営電力や鉄道事業との兼営も活発化した。公営電力は、一八九二年、京都市が最初で、その後、著しい増加と規模の拡大をみせ、一九三七年には、電気事業総数七三一のうち公営電力が一二一（県営六、市営一六、町村組合営一〇、町営二三、村営六五）を占めていた。公営電力が民営に比べて発展困難な地域で普及していることからみてその比重と役割は大きかった。特に、①電源開発について治山・治水の総合的管理をめざしたこと、②配電事業については、電気料金問題の複雑性があり一概に評価できないが、住民運動等があれば料金の統制がある程度可能であったこと、③工場誘致運動については、高度成長期の「原型」であったこと等のメリットが挙げられている。[*3]

しかし、狭小な地域への電力供給は規模の経済が得られ難く、財源調達も困難で大きな発展が見られず、一九三四年の青森県の県営を最後に公営事業の認可は見送られ、一九三九年の電力国家管理と一九四一年四月の国家総動員法に基づく配電統制令により公営事業等とともにこれら小規模電力供給事業は九配電会社に統合された。

一九四五年、太平洋戦争後には電気事業の再編成に関わる議論が展開され、一九四八年に地方自治体が配電事業全国都道府県営期成同盟会を結成し、配電事業都道府県営基本方針に基づく発送電国営（全国一社）と配電都道府県営（都道府県別分割）による事業運営の実現を訴えたが、実現に至らなかった。一九五一年、ポツダム政令により地域分割の民間電力会社が創設され、電源は規模の経済を求めて需要地と離れた遠隔地に大容量集中型の立地が一般的となった。

こうして熱併給を含む地産地消の供給形態が公営電力による小売電気事業と共にその機会を失った。

地域への電力供給の可能性としては需要家設置の分散型電源として「自家発」が挙げられるが、これらは事業体に付属するもので、スマートコミュニティへの発展を考える上ではいささか趣を異にしているが、技術的にはディーゼル発電のように小型分散の単独発電を可能とする機能が太陽光発電に置き換えられるという意味では、離島における電力供給の機能など注目すべき面もある。

地域熱併給への展開

欧米では、戦前からあった熱併給が一九五〇年代に都市開発に伴い、急速に普及した。一九七〇年代には、石油危機の影響で石油代替エネルギー導入のため、燃料転換や新規導入が行われた。また、温暖な地域においても、冷房・暖房双方を行うものが設置されるようになった。

日本での地域熱供給事業は、一九七〇年にようやく大阪万国博覧会の大阪千里中央地区に地域暖房が導入された。次いで、翌年、首都圏で初めて新宿副都心地区に導入された。一九七二年には、地域熱供給が省エネルギー、大気汚染防止、省力化、都市防災等、多くの利点を持ち、都市開発に不可欠な都市設備であることから「熱供給事業法」が制定され、電気事業、ガス事業に次ぐ第三の公益事業となった。熱供給を市街地整備と一体的に導入すべく支援体制が整えられてゆき、コミュニティでのエネルギーシステムの端緒が開かれたといえよう。

地域のエネルギー源として清掃工場での廃棄物発電がある。一九七六年になると逆送可能(出

表 5-6（その 2） 地産地消電力系統の発展

西暦	国内地産地消電力系統技術	西暦	国内地産地消電気事業と海外の情況
第 2 期（1880 ～ 1970　黎明期）			
1970	大阪千里中央地区に地域暖房導入	1970	大阪万博
1971	新宿副都心地区に熱併給導入	1972	熱供給事業法
1976	清掃工場での廃棄物発電 逆送電可能	1978	PURPA 法（US）
1984	清掃工場からの熱併給実施 （東京都　大井工場、光が丘工場）	1985	プラザ合意
1986	コージェネレーション運営基準 検討委員会報告書	1986	業務用予備電力契約制度
1987	コージェネレーション問題 検討委員会報告書	1987	特定供給をコージェネレーションに 適用拡大

入自由）となり、さらに電力会社が有償で買電することとなったため昭和六〇年代（一九七五～一九八四）に竣工された葛飾、足立、杉並、光が丘では発電容量は所内負荷を大きく上回るようになった。熱供給については、一九八四年に東京都で環境保全局から清掃局に協力を要請し、近隣に品川八潮パークタウン、光が丘パークタウンという大規模中層集合住宅のある大井工場、光が丘工場において実現した。ヒートポンプの利用は、電力需要の拡大につながることから、電気事業者も関心を示し、清掃工場、地中送電線、変電所、地下鉄廃熱の他に、海水、河川水、下水処理水等を用いた地域熱供給の導入も活発化していったが、規模の経済を求めた遠隔地での大容量電源の立地傾向が強く熱併給は困難であった。

環境と災害への対応

一九七八年にアメリカ合衆国においてＰＵＲＰＡ法が制定され、コージェネレーションによる余剰電力を回避可能費用で引き取るという政策的な支援が行われ注目された。日本でも一九八五年のプラザ合意以降、国際競争力強化のためにエネルギーコストの低減が求められ、規制緩和の動きが活発化した。これらの動きを背景に、コージェネレーション利用が有効な分散型電源利用を促進する諸報告が、省エネルギーや大気汚染防止も視野に入れ、表5―6に示すように、一九八六、八七年に次々と提出された。さらに、一九八六年に自家発電やコージェネレーションの電力系統への連系要件が設定され、一九八八年に大気汚染への影響に対する「固定型内燃機関に係る大気汚染防止法施行令」が施行され大気汚染防止対策が義務付けられた。これらにムーンライト計画で開発された燃料電池が実用化され、一九九二年に連系要件が設定された。一方、電力の取引においても、一九八六年から一九九七年にかけて、様々な制度が導入され、規制緩和が推進された。

この動きは、後の環境と災害への対応に結び付く新たな電気事業の創設につながった。まず、一九九五年には、電力会社に電源調達入札制度により卸売する独立系発電事業者（IPP）並びに特定地区の需要者に対して自己の送電線で電力を小売りする特定電気事業者が認められた。次に小売部門が電力使用規模に応じて段階的に自由化され、二〇〇〇年には、２０００kW以上（2万V特別高圧）、二〇〇四年には、５００kW以上（6kV高圧）、二〇〇五年には、50kW以上の高圧需要家を対象とする特定規模電気事業者（PPS）が認められた。

サステナブルな都市づくり

二十世紀末になると「サステナブルな都市づくり」について、一九九二年の地球サミットを契機に取り組みが活発化し、一九九三年には建設省から環境共生都市づくり（エコシティガイド）が提示される等、省エネルギー、CO_2排出削減を目指した計画策定が本格化し、一九九四年には新エネルギー導入大綱が定められた。一九九七年に京都議定書が採択されると新エネルギー利用等に関する特別措置法で地方自治体での新エネルギー利用等の促進に資する施策の策定及び実施が定められ、一九九八年地球温暖化対策推進法では、地方自治体が温室効果ガスの排出の抑制などのための施策を推進することとされ、二〇〇二年、二〇〇八年の改正を経て充実化されていった。

こうした法制化のもとで、各省庁の施策遂行とあわせて地方自治体関連計画の策定が進められていった。まず二〇〇〇年には、東京都で公害防止条例を環境確保条例に全面的に改正し、大規模事業所への地球温暖化対策計画書制度、大規模建築物に対して建築物環境計画書制度を導入し先導した。温暖化対策の重要性の高まりで新エネルギー、特に太陽光発電の開発に一層拍車がかけられるようになった。二〇〇三年には、電力会社に対して、電気事業者による新エネルギー等の利用に関する特別措置法（RPS法）が施行され、風力、太陽光、地熱、中小水力、バイオマスに対して、供給する電力量の一定割合での導入が義務付けられた。その結果、販売電力量に対する新エネルギー由来電力の利用量は八年間で約三・七倍になった。太陽光発電は、二〇〇九年の余剰電力買取制度にも支えられた。また、水素エネルギーも一九九七年採択の京都議定書を契機に、まず、燃料電池自動車が注目された。二〇〇九年には、世界に先駆けて家庭用燃料電池（エネファーム）が市場に投入された。[*4]

二〇〇五年に開催された愛・地球博の会場では、NEDOの受託で中部電力、トヨタ自動車等九事業者が、テーマ「循環型社会の構築」の一環として都市ガスとともに生ごみや木材から取り出した水素を燃料とする各種燃料電池や太陽光発電及びNAS電池を活用したマイクログリッドによる電力供給が期間中継続して行われた。[*5]これを契機として同様なスマートコミュニティ実証事業が、二〇一一年度の環境未来都市を選定や二〇一二年の「エコまち法」施行などを追い風に、日本各地で実施された。（表5―6その3）

3・11以降のまち造り

こうしたなか、二〇一一年三月一一日の東日本大震災に伴う原子力発電所事故でエネルギーセキュリティ対策の重要性（レジリエンス強化）の認識が一層高まった。仙台マイクログリッドでは、震災直後から東北電力の電力供給が停止するなか、介護施設や病院のある供給地域への電力・熱供給を継続し、マイクログリッドの災害時での有用性を立証した。こうして同年八月、東日本大震災復興対策本部「東日本大震災からの復興の基本方針」を受けて経済産業省は二〇一一年度よりエネルギーの利用効率を高めるスマートコミュニティを岩手、宮城、福島の被災三県

表 5-6（その 3）　地産地消電力系統の発展

西暦	国内地産地消電力系統技術	西暦	国内地産地消電気事業と海外の情況
第 3 期（1990 ～ 2020　環境と災害への対応）			
1992	燃料電池の実用化 （電力系統連系要件の設定）	1992	余剰電力買取制度（FIT）設定 自己託送サービス開始 地球サミット
		1993	「環境共生都市づくり」提示
		1994	新エネルギー導入大綱
		1995	独立系電気事業者（IPP） 特定電気事業者（＝）認定
1997	京都議定書採択に伴う水素エネルギーや燃料電池自動車への注目	1997	京都議定書採択 新エネルギー利用等に関する特別措置法
		1998	地球温暖化対策推進法
		2000	カリフォルニア電力危機 小売部門電力自由化
		2003	2000kW 以上（20kV 特別高圧） 電気事業者による新エネルギー等の利用に関する特別措置法（RPS 法）
		2004	マイクログリッド実証プロジェクト（NEDO）」（2007 年まで　八戸市、丹後市） （2004 ～ 2008 年まで　仙台市）
2005	愛・地球博 マイクログリッドによる電力供給 NaS 電池、都市ガス、バイオマス等による水素燃料電池や太陽光発電	2005	都市ガス、バイオマス等による水素 500kW 以上（6kV 高圧） 50kW 以上（50 k W 高圧）（PPS）
		2008	環境モデル都市選定
		2009	エネファーム　市場に登場
		2010	スマートコミュニティ・アライアンス（JSCA）発足 「次世代エネルギー・社会システム実証地域」（横浜市、豊田市、けいはんな学研都市、北九州市）選定 スマートコミュニティ実証事業実施
2011	福島第一原子力発電所事故 （仙台マイクログリッド 災害時の有用性を立証）	2011	「新成長戦略」に基づく環境未来都市」選定
		2012	固定価格買取制度（FIT）制定 都市の低炭素化の促進に関する法律（エコまち法）施行
		2013	農山漁村再エネ法
		2015	国連「持続可能な開発目標（SDGs）」採択

2016	小売部門電力自由化　全面的実施 「みやまスマートエネルギー」創設
2018	第五次環境基本計画 (閣議決定) 世界大都市気候先導グループ（C40）結成。東京都、横浜市　参加 気候変動とエネルギーに関する世界首長誓約（GCoM）/ 日本　立上げ 22 の首長・自治体誓約 (2020 年 1 月末)

に導入する促進事業を推進した。また総務省においても二〇一二年から被災地域の整備・復興等も併せたスマートグリッド通信インターフェイス導入事業を被災地の七つの自治体で推進している。

二〇一二年一二月四日に都市の低炭素化の促進に関する法律（エコまち法）が施行され、国土交通省、環境省、経済産業省により、低炭素化街づくり計画策定マニュアルが策定された。国土交通省では、二〇一二年度から低炭素・循環型社会の構築に向けて「まち・住まい・交通の地域エネルギー・環境に配慮したモデル構想の策定を支援している。また都市部では、田町駅東口北地区、日本橋室町三丁目地区等で、事業継続性（BCP）の視点からコージェネレーションを中心とした地域エネルギーシステムを構成する動きが活発化している。同様に日本橋室町三丁目では、国内初めて既存ビルも含めて特定送配電事業を開始した。一方、二〇一三年には、農林漁業の健全な発展と調和のとれた再生可能エネルギー電気の発電の促進に関する法律（農山漁村再エネ法）が制定され、農山漁村の再生可能エネルギー発電は、市町村と事業者並びに関連団体等との密接な連携の下に行われなければならない旨定められた。

二〇一五年九月に国連サミットにおいてSDGs（持続可能な開発目標）

が全会一致で採択されると、環境未来都市をさらに発展させたＳＤＧｓ未来都市が構想され、平成三〇（二〇一八）年に二九都市が選定された。二〇一五年一二月のＣＯＰ21では、パリ協定も採択され、脱炭素化に向けた新たな多国間の国際的な取組が定まった。二〇一八年決定の第五次エネルギー基本計画では、「国、自治体が連携し、先例となるべき優れたエネルギーシステムの構築を後押しする」とされた。また二〇五〇年の脱炭素化に向け、二〇三〇年までに再生可能エネルギーを主力電源とする方針であり、ポストＦＩＴ制度とともに農山漁村再エネ法等の支援策の充実が想定される。さらに内閣府が提示した「Society 5.0」で示されたように、急速に技術開発が進展するＩＣＴの利活用の推進、特にＡＩの適用を考えると一層高度かつ多様なサービスの出現が考えられる。[*6]

地方自治体等によるビジネスモデル

こうした状況を背景、に電力小売市場は、二〇〇〇年以降の段階的自由化を経て二〇一六年四月には、全面的に自由化され、分散型電源の普及に資するとみられる。これにより、一般電気事業や特定規模電気事業といった区別がなくなり、垂直一貫体制を前提としない事業類型を基本とする制度（発電事業は届出制、一般送配電事業・送電事業は許可制、小売電気事業は登録制とする）に転換した。地域への電力供給は、ＦＩＴの導入による再生可能エネルギーの導入の活発化と電力小売市場の自由化の進展により、エネルギーの地産地消が進展し、そのために地方自治体さらには市民団体等による事業化が注目され、実際に多様な電力供給主体とビジネスモデルが出現している。

エネルギーの地産地消や地域密着型サービスを前面に打ち出す自治体出資の新電力会社（自治体新電力）も電力を含むエネルギー事業で地域再生を図ることを目的に参入が活発化してきた。この際、伝統的に自治体主導であったドイツが参考となる。ドイツでは、自治体が出資する公益事業体Stadtwerke（都市公社）が約九〇〇ほどあり、電力等のエネルギー事業を中心に上下水道、公共交通、廃棄物処理、公共施設の維持管理等、高齢者支援等の市民生活に密着した極めて広範なインフラサービスを提供している。その日本版として地域新電力（「みやまスマートエネルギー」）が、二〇一六年、福岡県みやま市の五五％出資により「日本初のエネルギー地産地消都市」をキャッチフレーズにして創設された。そして市町村間の連携にまで発展した。第五次環境基本計画（二〇一八年四月閣議決定）にて提唱された各地域がその特性に応じた地域資源を生かし、自立・分散型の社会を形成しつつ、近隣地域と地域資源を補完し支え合うことで、地域を活性化させるための考え方に基づく取組である。

「おだやかな革命」

都市間協力を推進するものとしてC40（世界大都市気候先導グループ：The Large Cities Climate Leadership Group）」や気候変動緩和策等を広く発信するGCoM（気候変動とエネルギーに関する世界首長

誓約：Global Covenant of Mayors for Climate and Energy）等があり、東京都、横浜市が両者に参加している。横浜市は、再生可能エネルギー一〇〇％地域を目指し、新たな取組と連携の行動を開始する「長野宣言」を採択し、二〇五〇年を見据えた「Zero Carbon Yokohama」の達成に向け、徹底した省エネとともに市域で使用するエネルギーの再生可能エネルギーへの転換を推進している。その一環として二〇一九年には、再生可能エネルギー資源を豊富に有する東北一二市町村と連携協定を締結し、都市と地域循環共生圏の構築を目指すこととした。欧米ではコペンハーゲンが都市公社HOFORとともに市内外で一〇〇機以上の風力発電を開発し二〇二五年までに世界初のカーボンニュートラルな首都になることを目指しており、ドイツのミュンヘン、アーヘン等も同様の取り組みを進めている。[*7] このように地方自治体、事業者、住民が協働した事業の創出が国内外で活性化していくことが望まれる。市民団体等の事業については、『おだやかな革命』というドキュメンタリー映画が公開されており、地方自治体、事業者、住民の協働が進展している状況がある。[*8] 一方、ＦＩＴ制度に頼らない自家消費が合理的な選択になると想定されており、[*9] こうした導入形態の拡大も期待されている。こういったシステム（共同体）の構築には、地産地消や自立独立型のエネルギー供給システムの普及に対する社会ニーズや住民の意識も重要な要因であり、テレワークの進展による郊外居住型のスマートコミュニティ、高齢化に向けた福祉型コミュニティ等、街づくりの進展が予想される。

地方行政との協力

この章で見てきたように、電力系統を大規模集中型で構成する時代は二十世紀までで終わり、コンピューターが小型化することにより一般市民に極めて便利な道具となったように、二十一世紀の電力系統も小規模分散型のものにより、地球規模で緩やかな連携を保つようにすることで、一般市民に極めて便利な道具建てとするべきと考えられる。その根拠は、第四章に例示したスマートコミュニティの電力系統が省エネと環境保全を目指す小規模分散型となりつつあるからである。また、これらの例に共通していることは、地方行政との協力が成功しているということである。「土太郎村」の場合は、その立ち上げに当たり市原市の対応は、「いったい何事が始まるのか」というものであったそうだが、例えば、域内の貯水用ダム建設を巡るやり取りなどから、市当局の理解が深まり、職員の現地視察が呼び起こした感動もあって、市当局との対応が次第に円滑となりつつあるという。ただ、ご多分に漏れず行政にありがちな「先例主義」からの脱却は容易ではないという。しかし、二十一世紀の趨勢を反映し、地方行政にも新たなビジネスチャンスを志向する機運が強まっていることから、若手職員の意欲などを活用できれば、新たな試みの成功も期待できよう。「エネこま」の場合は、その主要なメンバーの一人が市議会議員となり、市役所職員との連携を深めることで、その知恵を借り市庁舎の電源を再生可能エネルギー由来のものとすることができた。「鈴廣」の場合は、自らの持つ豊かな緑と清冽な水を蓄えている土地という資産を梃子に小田原市の協力を得たことで、そのビジネスチャンスを広げたといえよう。

しかし、これらの逆を行く例が青森県八戸市に見られる。電気事業の技術者として火力発電所の建設・保守・運転の経験を積み、本店に戻ってからは海外を含む石炭火力発電所の環境汚染防止機器開発や分散電源などの調査研究、エネルギーネットワーク開発等に従事した毛利邦彦氏は、退社後二〇〇四年に八戸市民エネルギー事業化協議会を立ち上げた。[*10] 同協議会は、NEDOの実証研究などを背景に一年後の二〇〇五年五月には八戸商工会議所の答申を得て八戸市民エネルギー会社の設立まで段取りを整えた。そこで当面した事態は、当時の政権交代を背景に「事業仕分け」という政策の煽りを受け、会社設立が見送りとなったのである。もとより市民のための企画であったものが、市民を置き去りにした「政争の具」とされたのである。ここで注意すべきは、地方行政のなかには、市民を向いているものと、権力闘争を目指しているものとがあるということである。釈迦に説法だが、理想だけ立派でも物事が進むとは限らない。

注

＊1　電気学会技術報告 #1498「歴史に学ぶ21世紀に於ける電力系統技術」第4章、1〜2節、四八—五一ページ、二〇二〇年

＊2　満田孝『電力人物誌』都市出版、二〇〇二年

＊3　小森治夫「電力事業と水資源開発——「日本型地域開発」研究所説」『經濟論叢』153（1-2）、四四—六一ページ、一九九四年

＊4　根本宏「「愛・地球博」で実証展示する新エネルギーシステム」『電気学会誌』124巻8号、五〇二―五〇五ページ、二〇〇四年
＊5　資源エネルギー庁ほか「スマートコミュニティ構築に向けた取組」二〇一四年
＊6　内閣府「未来投資戦略 2018 ―「Society 5.0」「データ駆動型社会」への変革」二〇一八年
＊7　稲垣憲治「再生可能エネルギー事例「都市と地方」「企業と地域」の関係性」環境ビジネス（https://www.kankyo-business.jp/column/022378.php）
＊8　「渡辺監督に聞く」『朝日新聞』二〇一八年二月七日
＊9　諸富徹「再エネで稼いで地域を豊かにする――エネルギー自治の新しい可能性」『都市問題』Vol.108、四―九ページ、二〇一七年
＊10　東奥日報「あおもり経済―この人に聞く」二〇〇四年四月一八日

電力系統技術と未来の共同体

二十世紀までの電力系統

二〇〇〇年から二〇二〇年までの電力系統技術の年表を見ると、それは「失われた二〇年」とも言われるように、経済は低迷し、新たな技術革新に然したるものは見当たらない。それどころか、前世紀の「負の遺産」とも言うべき自然環境の破壊がもたらす自然災害の頻発とそれに伴う福島第一原子力発電所事故のような災害が人類を襲っていることはすでに述べた。

これらの混迷と退廃にひそむ矛盾を止揚する電力系統技術は、それを活用する共同体がどのようなものであるかに応じて具体的なものとなってくる。第一章に述べた「未来の諸目的」の技術的かつ具体的内容は、①自然との共生　②巨大システムのダウンサイズ　③システムの内実であったが、第四章に例示したスマートコミュニティがどのようなものであり、何を求めているかを見ると、その電力システムが省エネと環境保全を目指す小規模分散型となりつつあることから、①と②はすでにその方向が実現しつつあるといえる。ただ、この混迷と退廃にひそむ矛盾を止揚するものとして不可欠な、人類が共存できるシステム（共同体）がどのようなものであれば良いかというその内実、つまり、それがどの程度閉じたシステムであり、どの程度開いたシステムであれば良いのか、システム間にどの程度の距離があるのが適切か、システム内でどのような対話がなされているか、その道具立てはどのようなものかといった具体的「手立て」の用意はまだ不十分である。

二十一世紀の電力系統計画

そこで注目すべきことは、二十一世紀に用意さるべき「手立て」の中に、必ずしも手の上に乗る技術的なものばかりではなく、心のなかにある精神的なものもあるということである。しかし、時代の趨勢でＩｏＴ、ＩＣＴ、ＡＩといった情報がらみの（かならずしも目に見えない）技術が日常茶飯の事柄として身の回りの生活に入り込んでくると、情報が精神に及ぼす力と技術が手の上で働く力とを区別する意味がなくなってくるといえよう。つまり、二十一世紀において技術者は、自らに対する旧来の概念から脱却して、「手立て」と共に「心立て」をも扱わねばならないのである。具体的に、市民生活の「安心と安全」を確立するうえで技術者の果たすべき役割が一層高まっている。本書が第五章でICTとAIの活用を、その危険性と共に、多くの紙数を割いて論ずる所以がここにある。また、後述する歴史研究に関する「繰り返し」の説明モデル（表6—1）がその第四段階で「ユビキタス・システム」を技術の革新要素として挙げている意味もここにある。

世紀末的症状の克服

第二章の終わりに述べたように、一九九〇年代後半に見られた社会状況の混迷と退廃は、あたかも二十世紀の末期的症状ともいえる。それは人類が十八世紀以降の「近代化」によって自然環境を破壊してきたことを悔い改めなければ、新たな二十一世紀が人類絶滅の始まりとなることを示唆するかのごとくでもある。

このような状況は、人類史のなかで幾度か繰り返されており、その状況を克服したのは、例えば十四世紀のルネッサンスにおける芸術であり、十八世紀の産業革命における技術であった。それを思い起こせば、二十一世紀を人類絶滅の始まりとしないための方策は、芸術を含む技術によって講じられるべきである。

この考えを電力系統技術に当てはめるとき、極めて意義深い言葉がある。

「電力系統技術は芸術である」

この言葉は、一九六六年に『電力系統工学』を上梓し、それまでの送配電工学をより高度なシステム工学として確立した関根泰次先生が、電気学会技術史技術委員会（HEE）調査専門委員会による聞き取り調査の折、問わず語りに提示されたメッセージである。[*1]

筆者は、その場に居合わせながら、その意味するところを理解できずにいたが、今こうして電力系統技術のあるべき姿を模索している時に、このメッセージの意味を認識するに至っている。後年、先生自らの解説によれば、「例えば系統運用面に力を入れて設備にあまり金をかけない考え方、逆に金をかけてもしっかりした設備を作り、あまり器用な系統運用は避けるという考え方など、どの考えが良い、どの考えが悪いとはいえない。実際、電源配置、地勢、必要資金、求められる信頼度の高低、それらの時間的変化、過去の積み重ねなど々、さらにはその優劣が問われる将来起こる可能性のある事象など、考慮すべき事柄は誠に多種多様で正解というものはない。最終的には中心となる人のものの考え方の如何によってきめられる。その意味で『系統技術は芸術とも言うべきものである』という趣旨であった」とのことである。仰せの通り、世界各地の電力系統は、それぞれの状況に応じて区々ともいえ、また、そのなかに技術的中核として共通な部分もある。日本でも関東、中部、関西などそれぞれに極めて特色ある系統構成を作っている。[*2]

こうして電力系統構成のなかに見られる特異性と共通性を分析するなかから、自然災害を含む二十一世紀の新たな状況に対応する柔軟なシステムが作り出され、現在の混迷と退廃という矛盾が止揚されるであろう。これが芸術を含む技術によって二十一世紀を人類絶滅の始まりとしないための方策である。

この方策を実現する上で背景となる国際的エネルギー需給の見通しがどのようなものであるかを示して、この章の締め括りとしよう。IEA(International Energy Agency)事務局長のピロル氏は、二〇二一年一月一三日の談話で「世界の石油市場は、コロナで『暗黒の四月』を経験した」と述べた。ICEF運営委員会委員長の田中伸男氏によると、その実情は、二〇二〇年における一次エネルギー需要の燃料別見通しが二〇一九年に比べ、平均マイナス六%、石炭マイナス八%、石油マイナス九%、原子力マイナス二%であるのに対し、再生可能エネルギープラス一%となったことにある。これらの事実に基づき、IEAは二〇一九年から二〇四〇年までの電力供給の見通しを、各国政府の描くシナリオを基礎として、「太陽光発電が電力の新しい王者となる」と述べている。[*3]ただし、その中で「メガソーラー」が、山林を切り開き自然を破壊するような危険性についての警句は見られない。

注

＊1　電気学会・オーラルヒストリー研究推進委員会『先達は語る』八三、一〇四、一一五ページ。二〇〇八年

＊2　荒川文生『日本における電力系統技術の発展に関する研究』東京工業大学平成二十年度学位論文、八三〜九〇ページ、二〇〇八年

＊3　田中伸男『カーボンニュートラルに向けた国際協力のあり方とＩＣＥＦの役割』日経SDGsフォーラム講演、二〇二一年

第６章

ロードマップをどのように描くか

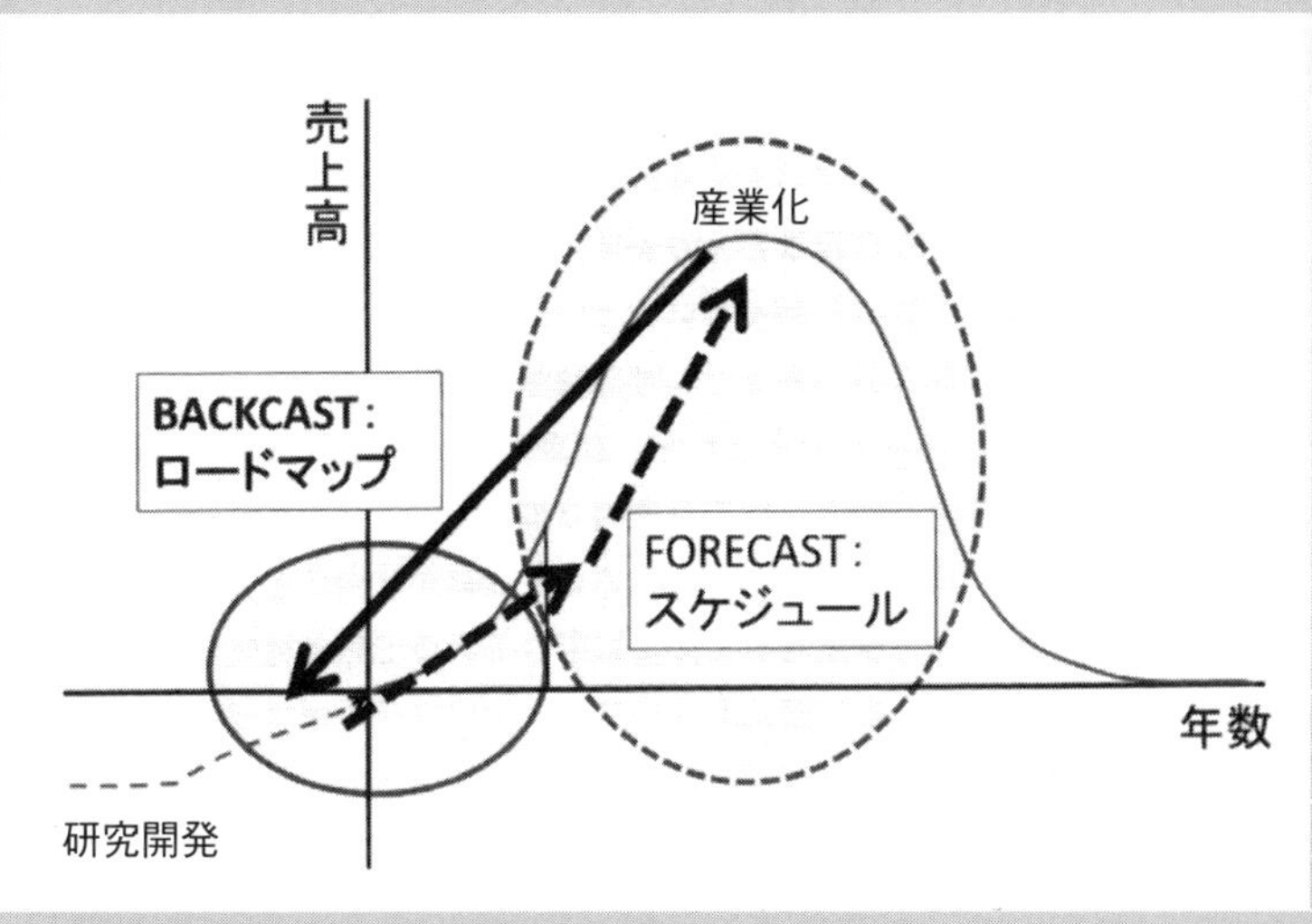

ロードマップとスケジュールの違いのイメージ
『図解　実践ロードマップ』出川通、言視社を参考に作成 © 出川通

「繰り返し」説明モデルからの展望

先行研究

新エネルギー・産業技術総合開発機構（NEDO）

NEDOは二〇一〇年七月に「再生可能エネルギー技術白書」を取りまとめ、分野ごとの最新動向を調査するとともに、今後の技術開発の道筋を示す技術ロードマップを策定している。[*1]

経済産業省はこれらを基に「次次世代エネルギー・社会システムロードマップ」（二〇一〇）、「エネルギー関係技術開発ロードマップ」（二〇一四）、「EV・PHVロードマップ検討会 報告書」（二〇一六年）を取りまとめた。水素・燃料電池戦略協議会は「水素・燃料電池戦略ロードマップ」を二〇一四年に策定した（二〇一六年改訂）。行政府や事業体がその目的と状況に応じて製作するロードマップは、図6—1に示すように膨大かつ精緻なものである。それらは行政府においては税金によって賄われる予算の有効活用に資するものとなり、事業体においては事業展開の方向性を見定め、資本投資の有効性を確保するために用いられている。

テクノ・インテグレーション（TIG）

㈱テクノ・インテグレーション代表取締役社長出川通氏がPS－21（二〇二〇年三月五日・第一

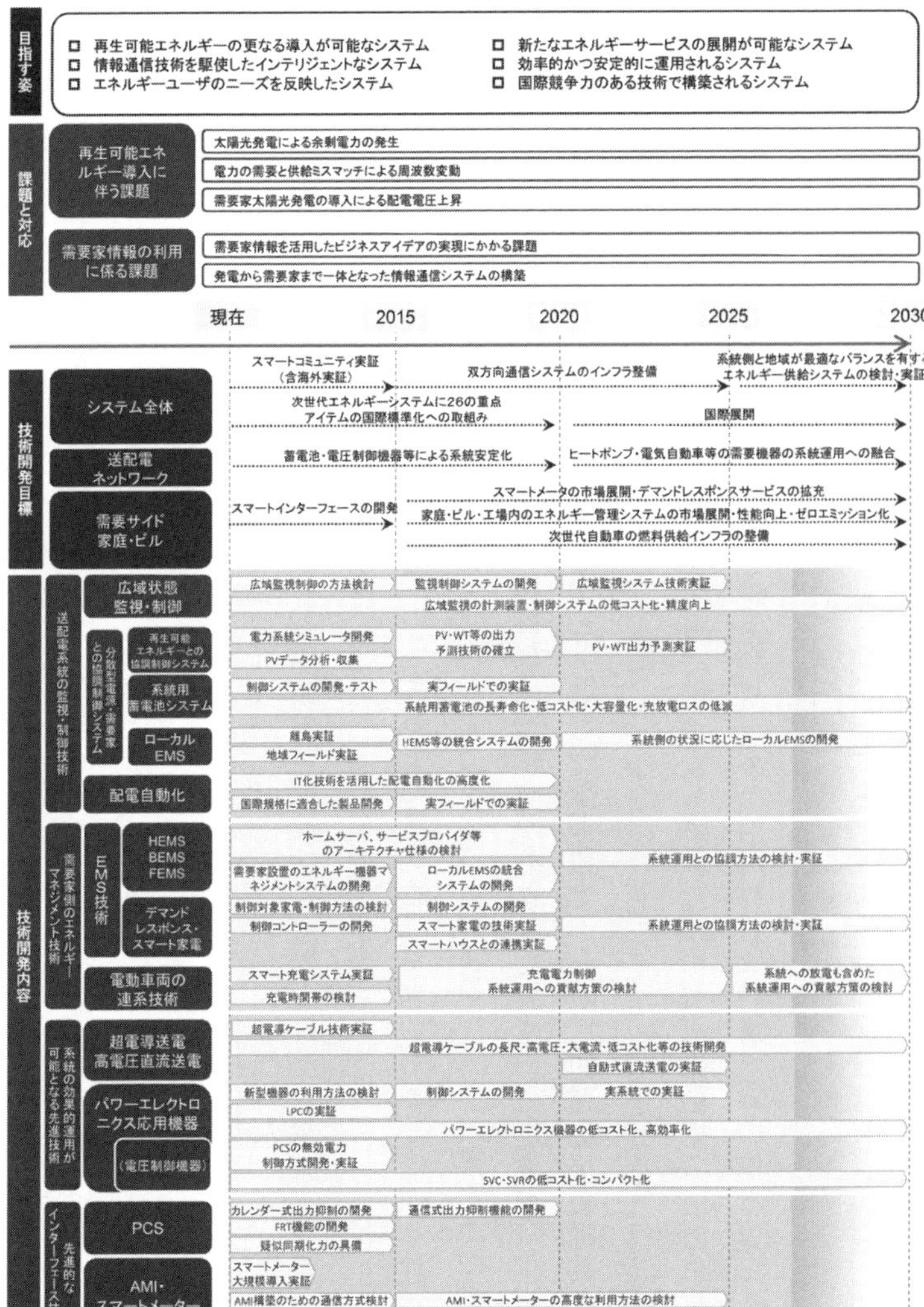

図6-1　スマートグリッド技術ロードマップ
出典：新エネルギー・産業技術総合開発機構（NEDO）
「NEDO 再生可能エネルギー技術白書」

三回委員会）で示された「ロードマップ」の考え方や造り方は、テクノロジー・ロードマップの考え方・活用法を市場ニーズを起点とし、商品・サービス化とそれに必要な技術は何かという視点でロードマップを作成することで、未来に新しい価値を生む事業戦略が立てられるとしている。[*2]

したがって、これは「混迷と退廃」といわれる現下の情勢で、国際的にも「先が見えない」とされているなか、それを悲観せず、わずかな可能性にも目を向けて、将来を「見えるもの」として計画してゆくことが、「ロードマップ」を造る意義となっている。

出川氏は、「ロードマップ」を実際に使えるものとする上で大切なことは、それが誰のためのものかをはっきりさせることと考える。したがって、「ロードマップ」のテーマとしては、ごく個人的な身の回りのことから、地球環境全体を見わたした壮大なものまで「何でもあり」といえる。PS－21の観点からすると、それらを関連付けながら、俯瞰的・長期的な計画としてまとめることが、ビジョンとしての「スマートコミュニティ」への道程を示すものとなる（図6―2）。具体的には、それぞれのテーマについて幅広い視野で、悲観的な見方に捉われずに、高い目標を（できれば定量的に）しっかりと掲げ、それに向けて実現すべき手段（所要の技術など）を探し、図6―3を描いてみることを出川氏は提案する。この図に示される「市場」「製品」「技術」の各レベルを図6―4に示すように統合化することにより、状況の変化に柔軟に対応し、分業化している各分野の調整や協力を円滑に運ぶことが可能となるのである。

従来のテクノロジー・ロードマップ

現状を踏まえた技術進化を計画 ▶ 技術の積み上げで製品を設計 ▶ 市場に適合する製品を投入

「テクノロジー・ロードマップ2014-2023」

市場の将来像を描く ▶ 市場ニーズに合う製品機能を定義 ▶ 製品機能に必要な技術を特定

ビジョンとロードマップの位置づけ

ロードマップ作成時には、現状の位置を明確化した後、将来のあるべき姿（ビジョン）の明確化が必要となる。基本的には未来から現在への道を示していくことがスタートとなる。その両者間のギャップをそれぞれの立場で共有化し、ギャップを埋める努力と方向性を一致させる努力が大切である。

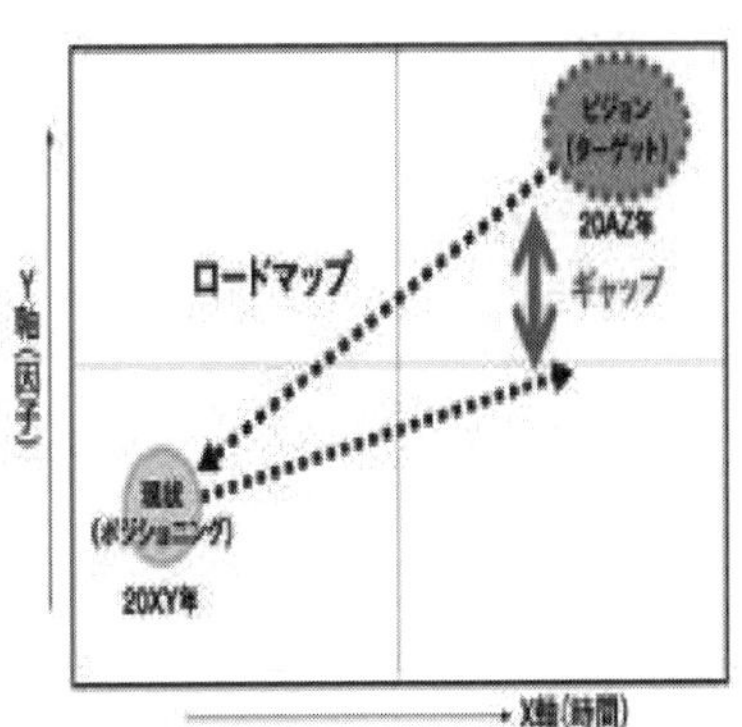

図 6-2　ビジョンとロードマップの位置付　© 出川通
『図解　実践ロードマップ入門』出川通著、言視舎を参考に作成

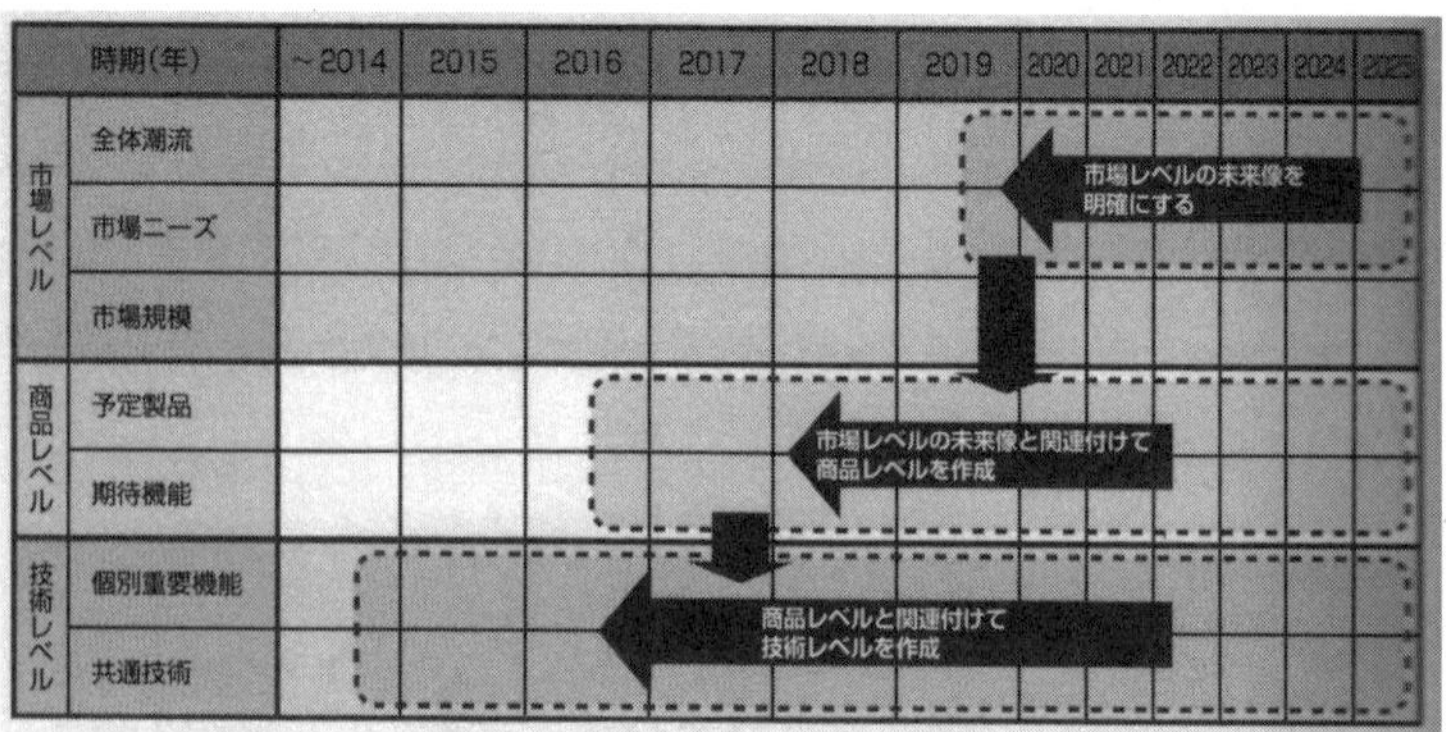

図 6-3　技術ロードマップの発想フレームワーク　© 出川通
『図解　実践ロードマップ入門』出川通著、言視舎より

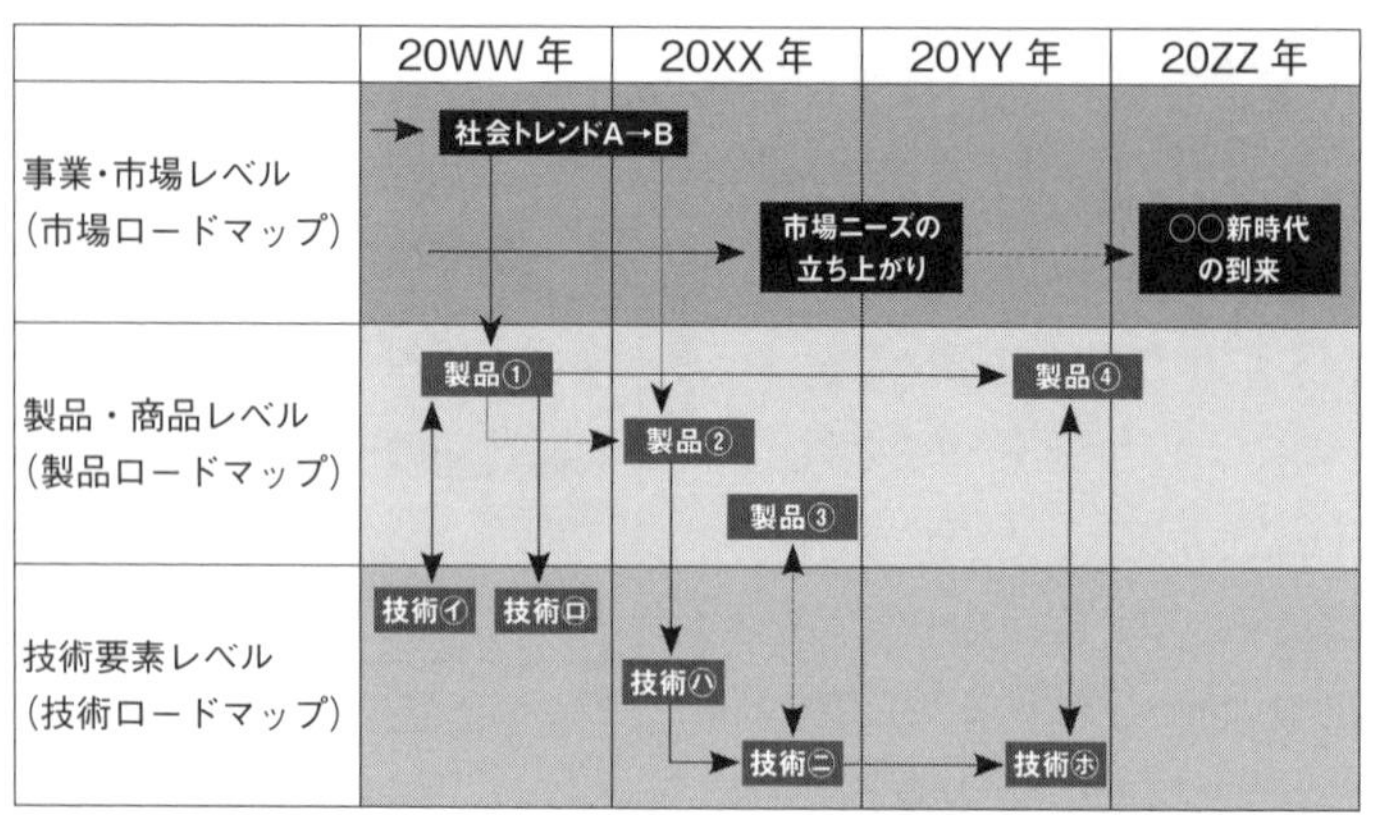

図 6-4　統合ロードマップにおける各階層の繋ぎ方　© 出川通
『図解　実践ロードマップ入門』出川通著、言視舎を参考に作成

充分なデータやそれらを処理するコンピュータやモデルを持たない者にとってできることは、「概念モデルとしてのマップ」であるとすると、それは現実そのもののモデルではなく、現実をどう認識するか、その捉え方を可視化したものと見做すことができる。そこで要点となるのは、「正しいかどうかでなく、適切であるかどうか」である。適切であるかどうかは判断する側の見方、能力によって見え方は変化するからであり、ロードマップの価値は、それをいかに上手く使うか、自分にあった形に適正化（修正する）か、そして「誰が見るか」によって決まるというのが出川氏の見解である。

さらに出川氏により、未来を考えるときの実践的サポートとして、①ポジティブに考える（できる可能性からスタート）②オープンマインドで考える（他人の意見を歓迎する）③常にオプションを準備（最悪の状況を多面的にシミュレーション）の三点が挙げられた。

PS‐21が提示するロードマップ

前二者の先行研究は、いずれも当面の課題に対応する技術開発の政策や事業戦略を構築するためのもので、その前提となる技術の現状について詳細かつ的確な状況の把握がなされており、PS－21の調査研究の基礎としてしっかり把握して置く価値がある。しかし、その到達すべき目標については暗黙あるいは別途に提示されるものである。

行政府や事業体がその目的と状況に応じて製作するロードマップを参考にしながら、PS－

取り組むべき課題

自然環境……環境汚染、自然災害
システム……スマート　コミュニティ
エネルギー……資源、需供、流通、省エネ
装置・設備……安全、便利、安価
文化……情報化社会、倫理（もったいない）

研究活動がとるべき対策

教育(技術交流)..世代間、異文化間の交流が新たな展開を生む。
研究開発……開発の各段階で着実な成果を確保
政策……民主的展開を確保する。
情報……JASTJ 等に働きかける。
資金……技術倫理の確保に留意する。

研究活動が活用すべき手段

i モデル
世界モデル….茅モデル、山地モデル、京都モデル
歴史モデル….「繰り返し」説明モデル、
　ステージモデル
ii 新技術
SET:　Socio　Energy　Technology

手段としての資源

人材……認定機構 (JABEE)
大学……倫理を含む基礎
研究機関……広い視野での発展
企業……実務社会での実践
財団……研究開発の支援
政府：政策提言と支援

技術史研究の意義と教育効果

研究の意義

人類への知恵と教訓の豊かな源泉となる。
技術革新の過程が見出され理解できる。
技術者の努力は危機回避の示唆と教訓に富む。

教育効果

技術の大切さを理解する興味深い事実に触れる。
革新的な技術の開発に魅力的な要素に触れる。
技術倫理を考える上での実践的な事実に触れる。

図 6-5　PS-21 が提示するロードマップの全体構成

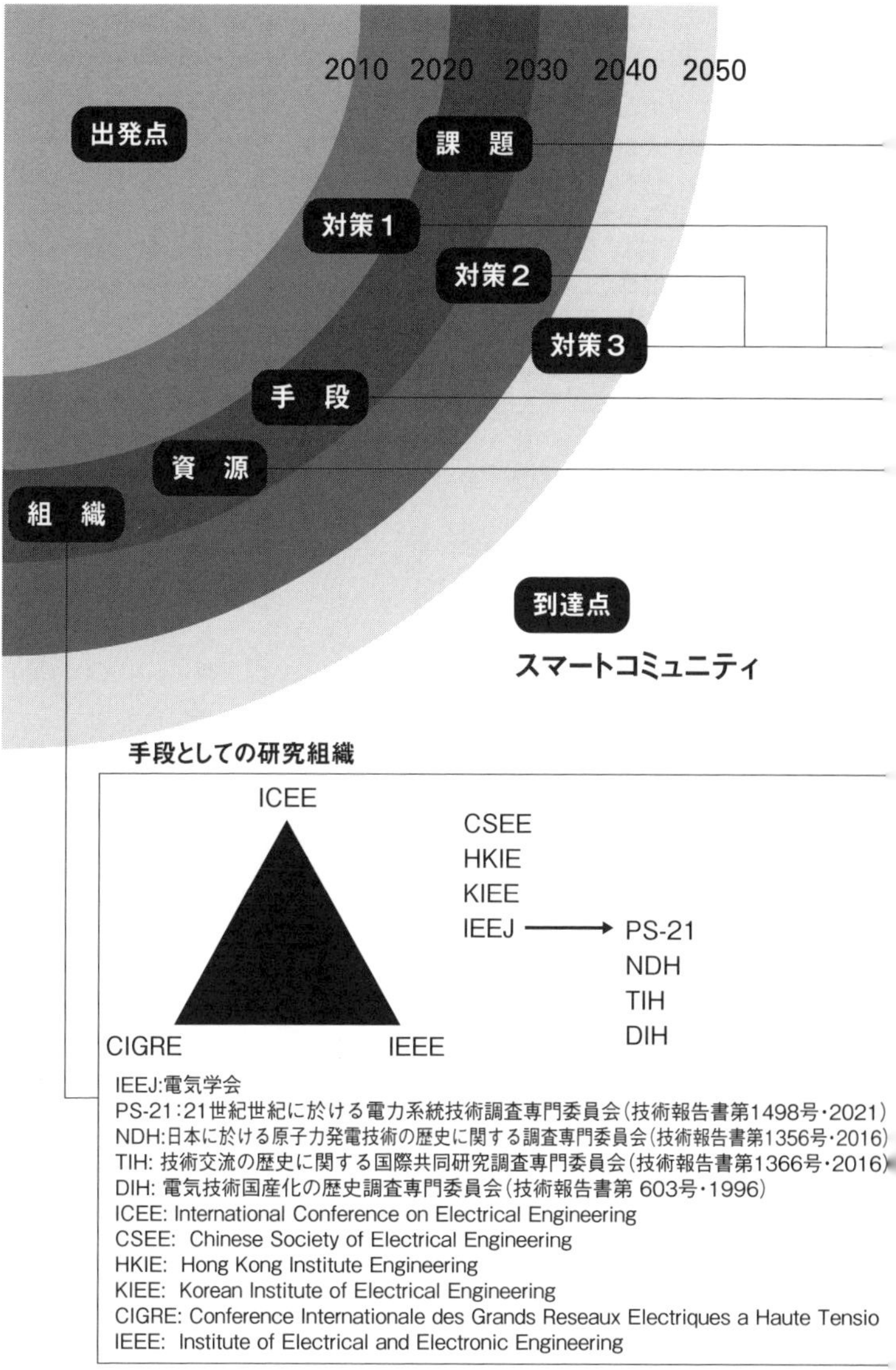

手段としての研究組織

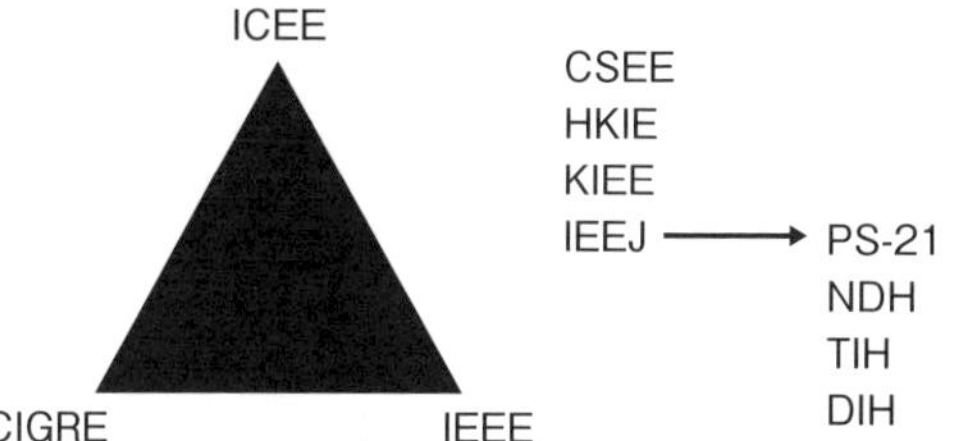

IEEJ:電気学会
PS-21：21世紀世紀に於ける電力系統技術調査専門委員会（技術報告書第1498号・2021）
NDH:日本に於ける原子力発電技術の歴史に関する調査専門委員会（技術報告書第1356号・2016）
TIH: 技術交流の歴史に関する国際共同研究調査専門委員会（技術報告書第1366号・2016）
DIH: 電気技術国産化の歴史調査専門委員会（技術報告書第 603号・1996）
ICEE: International Conference on Electrical Engineering
CSEE: Chinese Society of Electrical Engineering
HKIE: Hong Kong Institute Engineering
KIEE: Korean Institute of Electrical Engineering
CIGRE: Conference Internationale des Grands Reseaux Electriques a Haute Tensio
IEEE: Institute of Electrical and Electronic Engineering

21の作業自体は、一般の市民や専門家を問わず一人ひとりが、「スマートコミュニティ」実現のために明日から何を具体的に始めたら良いかを「客観的な事実に基づき、合理的に判断する」ことが実践できるように、専門家と一般市民のそれぞれが自分のためにも役に立つ「ロードマップ」を造ろうと試みた。

この作業の前提としてPS－21が提示するロードマップは、その目標を一般市民と電力システムの専門家との「対話」による合意形成で提示しようとしている。[*3]

全体構成

PS－21が提示するロードマップの全体構成を図6―5に示すが、これは二十世紀から二十一世紀への歴史的転換期に立って、電力システムを極めて長期的な展望のもとに計画、建設、運用する上で、電力システム計画の専門家が、一般消費者や事業者、投資家などの知恵や希望を計画に取り入れ、「対話」を図るための道具立てとなるものである。したがって、それは単に電力システムに留まらず、その上部構造である社会システムの一部を取りこむものとなる。つまり、それは、現在その実態が明確なものとなっていない「スマートシステム」といわれるものに、ある程度の具体性を持たせ、そこで実現されるべき「電力システム」を到達目標とするものである。その要諦は、①現実への立脚、②柔軟性、③多機能性、④目標の提示を的確に組み込むことである。このような道具立てを造る作業は、当然、衆知を集めるべきものである。

しかし、ここに示される内容は、この作業に関心と意欲と知恵をお持ちの諸賢によって、より具体的に充実化されてゆくものである。

PS－21がロードマップを提示する目的は、①エネルギー社会のあり方を歴史的かつ国際的視野の下で検討すること、②PS－21の作業内容を明示すること、③システムの計画と実施に関する社会的対話を実現すること、④社会と電力のシステムを計画し実施する新たな手法を提示することにより日本の国際的地位を確保することである。そのため、ロードマップに取りこむべき周辺要素として、①研究活動が取り組むべき課題、②研究活動がとるべき対策、③研究活動が活用すべき手段、④対策や手段を生み出す研究基盤、などを年代に展開して図6―5に示す。

取り組むべき課題

この目標に向かう現実的で着実な方法は、目標達成に係る課題を克服するための手段をどのように選ぶかによって建てられるが、この課題抽出の如何が目標達成の実現可能性を大きく左右するものとなる。また、将来起こりうる様々な事態に柔軟に対応できるような課題の抽出も肝要である。この作業は一般市民の希望（ニーズ）と専門家の持つ知識（シーズ）とを組み合わせる「叡智の結集」とも言うべきものである。

この課題抽出は現時点で、環境汚染、スマートグリッド、情報化社会、エネルギー需給、省エネ、電源選択、倫理や節約を含む文化のありようなどが挙げられよう。

研究活動がとるべき対策

抽出された課題に対して研究活動がとるべき対策として最も重要なのは、その対策を立案し実行する若き研究者や技術者の教育である。特に技術史の教育については、後段の活動基盤として検討するが、一般的には、若き研究者や技術者が従事する研究開発の内容や方向性、それらを支える組織の施策や資金が確保されるべきであることは言うまでもない。さらに、これらの対策を点検し、社会一般の支持を喚起するうえで、マスメディアの果たす役割も見逃すことができない。

研究活動が活用すべき手段

歴史研究を基礎とするPS－21の研究活動が活用すべき手段のなかで、歴史分析に用いられるモデルは固有な手段となるが、電気技術の研究者や技術者が責任を以って担うべきものは、現状の困難を克服し、未来に展望を拓く新技術である。

今や人工知能（AI）技術やFuture Designといった手段が発展してくると、エネルギー利用と社会活動の融合を実現するため、Socio-Energy Technology（SET）と呼ばれる自然保護と社会福祉に貢献すべきエネルギーシステムに関する技術の開発と適用を担う学問が社会的に有効で魅力的な技術となる。

学会等研究組織

ＰＳ－21の研究活動がとるべき対策や活用すべき手段を生み出す組織として、国際的なものを含む研究組織の重要性もまたその言を俟たない。スマートコミュニティの電力システム構築を担う国際組織としては、アジアのＩＣＥＥや欧州のＣＩＧＲＥ、そしてＩＥＥＥが挙げられよう。このなかでＩＣＥＥの中核を担うＩＥＥＪは、歴史的な視点をもとにＨＥＥの調査専門委員会（ＰＳ－21、ＮＤＨ、ＴＩＨ、ＤＩＨ）においてＳＥＴなどの技術について検討してきた。

手段としての資源

上述の研究活動が活用すべき手段は、いずれも技術者や研究者がそれを扱うものであり、また、そうでない限り倫理的な裏付けを持たない非人間的なものとして乱用の虞（おそれ）が生じるものである。それらの手段を生み出す資源として、また、それらを活用する資源として挙げられるのは、人材、大学、研究機関、企業、財団、政府などである。従来これらは「人、モノ、金」と通称されてきたが、今や人工知能（ＡＩ）、モデル、シミュレーション、Future Design、などが発展してくるに及び、これらの基となる「情報」が手段を超えて資源と見なされるようになっている。

研究基盤と活動基盤

現状が内包する問題点の本質を捉えるための手段として、ＰＳ－21は「歴史に学ぶ」ことを基本としているが、そのために肝要なことは、①歴史的事実を正確に把握すること、②多くの事実のなかから「学ぶに足る」ものを抽出すること、③知識よりは知恵を重んじることである。これらの視点に立った分析の結果を将来展望の基礎とする。

ＰＳ－21において研究活動がとるべき対策や手段を生み出す研究基盤は、「歴史に学ぶ」ことである。しかも学ぶだけではなく、それを実践するうえで、研究基盤は次に述べるように活動の基盤でもある。

技術史研究の意義と教育効果

ＨＥＥ初代委員長・大越考敬先生が指摘しているように[4]、優れた技術論文はその分野の技術史を踏まえ、自らの論文がそれをどのように学び、そこに加えるべき新たなものが何かを、論文の冒頭に述べている。このように技術者にとって技術史は自然に身に付くものではあるが、変転極まりない時代の進展に伴い、技術の研究者や技術者といえども、技術史を学問的に確かなものとして身に付け、論文を起草することが、倫理的・社会的に求められるようになった。

実際、「歴史に学ぶ」ことは、歴史を知恵袋として活用し、成功と失敗とにかかわらず技術革新の過程を先例とすることで、技術者倫理のあり方でもある危機管理の手法を会得すること

表6-1　「繰り返し」の説明モデル

段階	過程	（技術的状況）	（社会的背景）	年代
第1段階		**設備形成の発展**		
	矛盾の止揚	電気技術導入 交流と直流・周波数選択に関する日米同時性	欧米の電気事業	1880
	体系の定着	電力の統一	送電線亘長・電圧の向上 電力市場競争	1920
	技術の革新	送配電網の整備 （串型系統の形成）	五大電力 電力統制	1930
	状況の混迷	発送電一貫体制	国家管理・消費規制 第二次世界大戦 深刻な供給不安	1940
第2段階		**制御技術の発展**		
	矛盾の止揚	情報工学などの導入 電力系統工学 電子計算機の導入	特需景気・電力再編成 経済運用	1950
	体系の定着	系統連系／電源の大型化 計算機による潮流計算 パワエレの応用	広域運営 経済高度成長	1960
	技術の革新	中央給電設備自動化 外輪系統の形成 高電圧直流方式の導入 原子力と揚水の連携	高信頼度へのニーズ （タフネス）	
	状況の混迷	小規模分散電源	自然環境保護政策 石油危機	1970
第3段階		**システム多重化技術の発展**		
	矛盾の止揚	ディジタル制御技術 自律分散制御	社会的価値観の変質 規制緩和	1980
	体系の定着	デマンドサイド・マネジメント リアルタイム料金	独立電気事業者参入 信頼度概念の変化 （フレクシビリティ）	1990
	技術の革新	システムの多重化 マイクロ・グリッド	電力自由化 電力取引	
	状況の混迷	原子力安全技術の見直し 再生可能エネルギーの参入	高齢化社会 国際資本の事業参入	2000
第4段階（計画案）		**地球規模技術の発展**		
	矛盾の止揚	エネルギー環境保護システム	国際的技術交流	2010
	体系の定着	太陽エネルギー	地球規模技術	
	技術の革新	ユビキタス・システム スマートコミュニティ		2030
	状況の混迷			2050

注：第4段階については、出典の一部を修正してある

ができるのである

歴史研究の実例（表6―1）

HEEにおける歴史研究の実例は、多くの場合先人の業績を称えるのみで、その過ちは愚か、失敗の体験に触れることも少ない。これでは「失敗は成功の母」という格言に学ぶこともなく、将来展望を切り開く縁も得られない。この愚を犯さぬようPS－21においては「繰り返し」の説明モデルを歴史分析の手法として用いることにした。これによれば、日本の電力系統技術の歴史は、

①設備形成の発展（一八八〇～一九二〇）、②制御技術の発展（一九二〇～一九五〇）、③システム多重化技術の発展、（一九五〇～二〇〇〇）、④地球技術の発展（二〇〇〇～）という四段階を経てきており、その各段階において「矛盾の止揚、体系の定着、技術の革新、状況の混迷」という四過程が繰り返されることを歴史的事実から読み取っている。[*5]

その第四段階は現在から未来を展望するものであるが、それは「予測」ではなく「計画」されるべきものとして示されている。つまり、現在の混迷と退廃のなかにあるとも言うべき国際情勢のなかで、日本の電力系統技術が然るべき位置を確保し、スマートコミュニティの電力システム構築に向けて、自然環境保護と社会福祉に貢献すべき技術開発を推進することで将来の展望を拓こうと計画している。

スマートコミュニティ

目標の提示

将来を展望するといっても、それは決して「予測」ではなく、正確な事実を基とする合理的判断により、大方の合意が得られる実現可能な目標を設定し、それに向かう現実的で着実な方策を「計画」として確立し実践することである。PS－21が設定する目標は、人類が蓄積した長い歴史と豊かな伝統に培われた「知恵」によって見定められるものであり、それは長期的視点に立つものであるから、必ずしも個別具体的なものではない。かといって、それが曖昧なものでは目標としての価値も魅力もない。また、多様な価値観の下で集約的な目標を設定することも有効とはいえない。

したがって、目標設定の議論は多様になされるべきではあるものの、ある程度演繹的に設定されるべきであろう。具体的には、

①金銭的利害にとらわれないこと、

②エネルギーを無駄にしないこと、

③多様性を重んじること

が普遍的な目標になり得るであろう。

人口に膾炙される「スマートコミュニティ」は、その実態に不分明な面もあるが、逆にこれ

らの普遍的な目標を内包し得る「標語」でもある。

設定すべきスマートコミュニティ

電力系統構築のためにＰＳ－21が設定するスマートコミュニティの内容は、上述の演繹的設定を基に、ＰＳ－21の各委員がその見識の基に知恵を出し合い、社会一般の合意を求めるべく対話の素材として提示するものである。それは、社会的に反映された結果として実現されるべきエネルギー社会の理想像ともいえるが、その要点を列挙すれば、

①需要と供給、電気とガス・熱、電力と情報、集中と分散、エネルギー利用と社会活動、アジアと日本といった複合システムであること

②関連要素として、天然資源、地球環境、地域、人間、倫理、文化、等を内包すること

③達成さるべき技術は、Socio-Energy Technology を研究活動の中核とする学問的内容としての技術（工学）と社会福祉を実現し、エネルギーと環境のシステムを安定的に維持し保全するための学問的技術であること

④電源としては、水力、火力、原子力、太陽光、ガス、熱、風力、水素等を含むマルチメニューであること

⑤関連技術として、スマートメーター、太陽電池、蓄電池、電気自動車、環境対策、省エネ、これらを社会システムのなかに組み込む情報とシステムの技術（人工知能技術等）を的確に

扱うものであること
⑥共同体（コミュニティ）のあり方として、地方自治体、電気・社会複合システムを考慮すること
⑦技術倫理、社会貢献、太陽の恵み、「勿体ない」といった文化的内容に配慮していること
等であろう。

注
＊1　『NEDO再生可能エネルギー技術白書』「9　スマートグリッドの技術の現状とロードマップ」
https://www.nedo.go.jp/content/100107277.pdf
＊2　日経BP社『テクノロジー・ロードマップ〈2017–2026 全産業編〉』日経BP社、二〇一六年
＊3　電気技術史研究会「二一世紀に於ける電力系統技術調査専門委員会設置趣意書」二〇一七年
＊4　石井彰三／荒川文生『技術創造』朝倉書店、二八ページ、一九九九年
＊5　荒川文生『日本における電力系統技術の発展に関する研究』東京工業大学平成二〇年度学位論文、一四六—一五一ページ、二〇〇八年

みんなで造ろうロードマップ

PS‐21は、二〇五〇年を目標に「スマートコミュニティ」がどのような電力システムを基に構築されたら良いかを検討し、その目標に至る道筋を「ロードマップ」として計画・実行する作業を行うこととした。さらにその基礎となる事実を歴史的に明らかにし、計画に必要な技

術的要素を検討した。

出川氏のロードマップは、十分なデータやそれらを処理するコンピュータやモデルを持たない者にとってできることとしてのロードマップ構築をその内容としていたが、行政府や事業体がその目的と状況に応じて製作するロードマップは、図6―1に示すように膨大かつ精緻なものである。それらは行政府においては税金によって賄われる予算の有効活用に資するものとなり、事業体においては事業展開の方向性を見定め、資本投資の有効性を確保するために用いられている。

開発ロードマップ

限られた範囲ではあるが、PS‐21が現地調査した「スマートコミュニティ」の試みにおいて、図6―1に示されるロードマップが活用されている状況はほとんど見られなかった。その原因のひとつは、一般市民が目指す「スマートコミュニティ」と行政府や事業体が目指すそれとの乖離であろう。現実的には、普遍的に存在する「建前と本音」や「理想と現実」のギャップともいえよう。

以下にPS‐21に持ち寄られたロードマップを例示する。

土太郎村

土太郎村からは、図6―3に示される「市場」「商品」「技術」の各レベルを「目標」「方法」「組織」と仕分けして、ロードマップとしたものが提示された。

「市場レベル」(目標)

二〇六〇年までに日本の電力を一〇〇%自然エネルギーで賄う。

1　このため日本は全ての原発の廃炉を二〇二二年までに決定する。

2　発電用の石油、天然ガス、石炭など化石燃料の輸入は毎年二%から三%ずつ減らし二〇六〇年にはゼロとする。

3　自動車は可能な限り電気自動車にする。

4　電力を自然エネルギーで賄うため地域の特性に応じ、太陽光、風力、バイオマス、地熱発電の会社を地域住民の参加のもと発足させる。

5　地域電力会社は二〇六〇年までに日本全国を全てカバーできるようにする。

「行政レベル」(方法)

1　国は外交、自衛のための国防に特化し、道州制を導入し医療、教育、インフラ整備、災害対策など国民生活に密着した施策は道州自治政府に移管する。県や市町は廃止し、全土を村単位に分割する。国会議員、道州議員、村会議員は議会活動の日当のみとする。つまり職業的議員はなくし、ボランティア議員として志のある人を広く募る。村はその地域の資源を生かし、雇用を生みだし、地元で金が循環するよう努める。特に自然エネルギー会社の設立を行うが、他の地域の先進事例に学び連携する。

2　当然、村税を増やし地域ごとに還元が見えるようにする。国税、道州税は必要最低限にとどめる。

3　村税は自然エネルギー会社の設立、運営に使われる。つまり村という小さな単位であれば不正は監視しやすく、村民の関与、貢献もしやすい。

4　以上の改革は既得権益者の抵抗はすさまじいと思われ、全国民の討論集会を積み重ね突破するしかない。

「技術レベル」（組織）

②目標の提示

（1）. 電力事業ロードマップ策定の基本手順

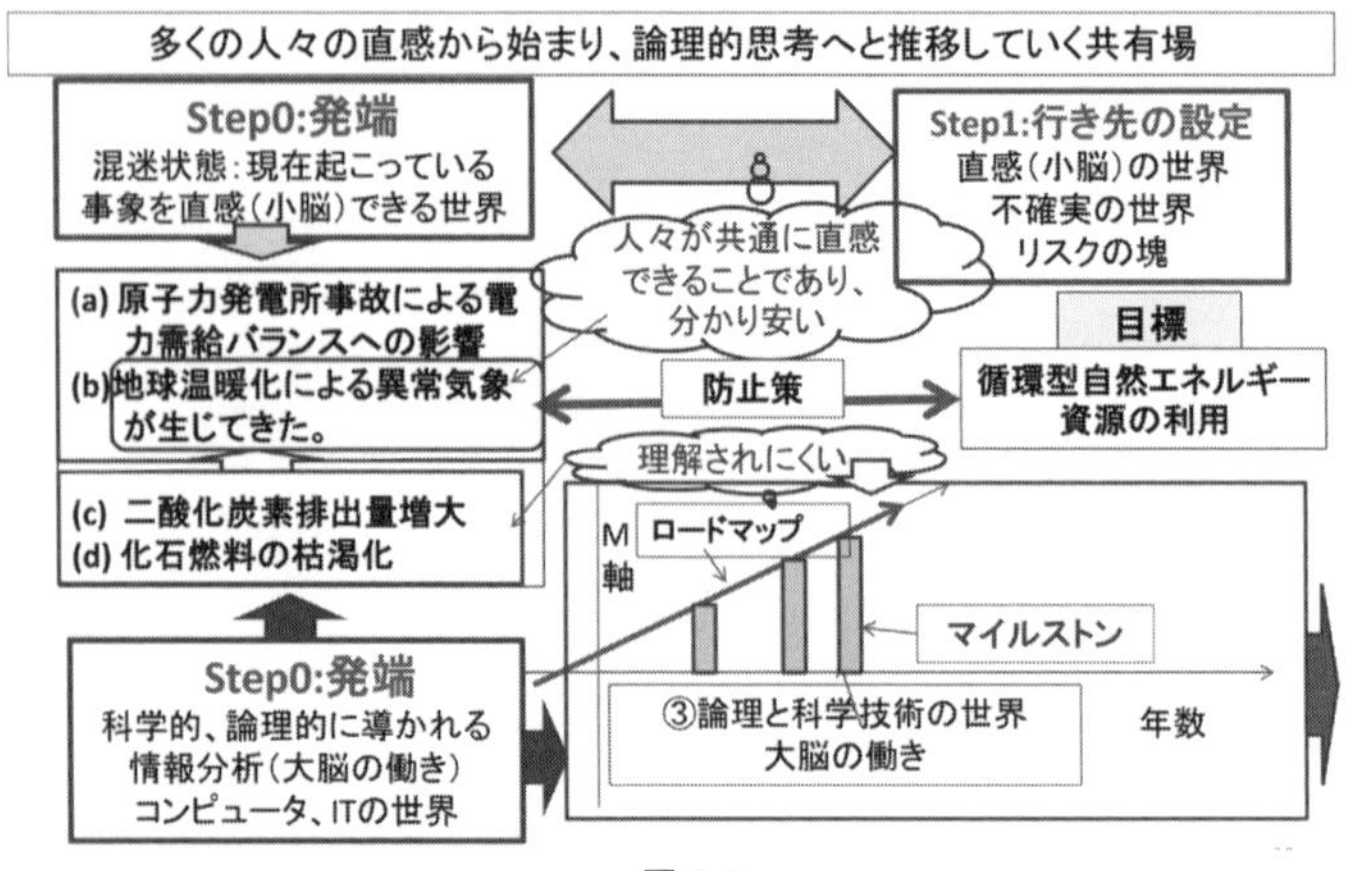

図6-6
出典：『電力事業の道標――PS-21が掘り起こし顕すもの』

1　自然エネルギー一〇〇%を実現するため技術者の総力を結集する。

2　特に扱いやすく、コスト的にも優れた発電、送電、蓄電、独立電源の開発を行う。

3　他国にもそうした技術が貢献できるものとする。

4　工場や新幹線などの交通のための自然エネルギーの電力の送電、蓄電、安定化の技術開発にも努める。

このモデルが概念として掲げる目標は高く極めて野心的である。いっぽう、概念モデルは「現実をどう認識するか、その捉え方を可視化したもの」であって、そこで要点となるのは、「正しいかどうかでなく、適切であるかどうか」である。したがって、問題はこのモデルを見せられた者が、この

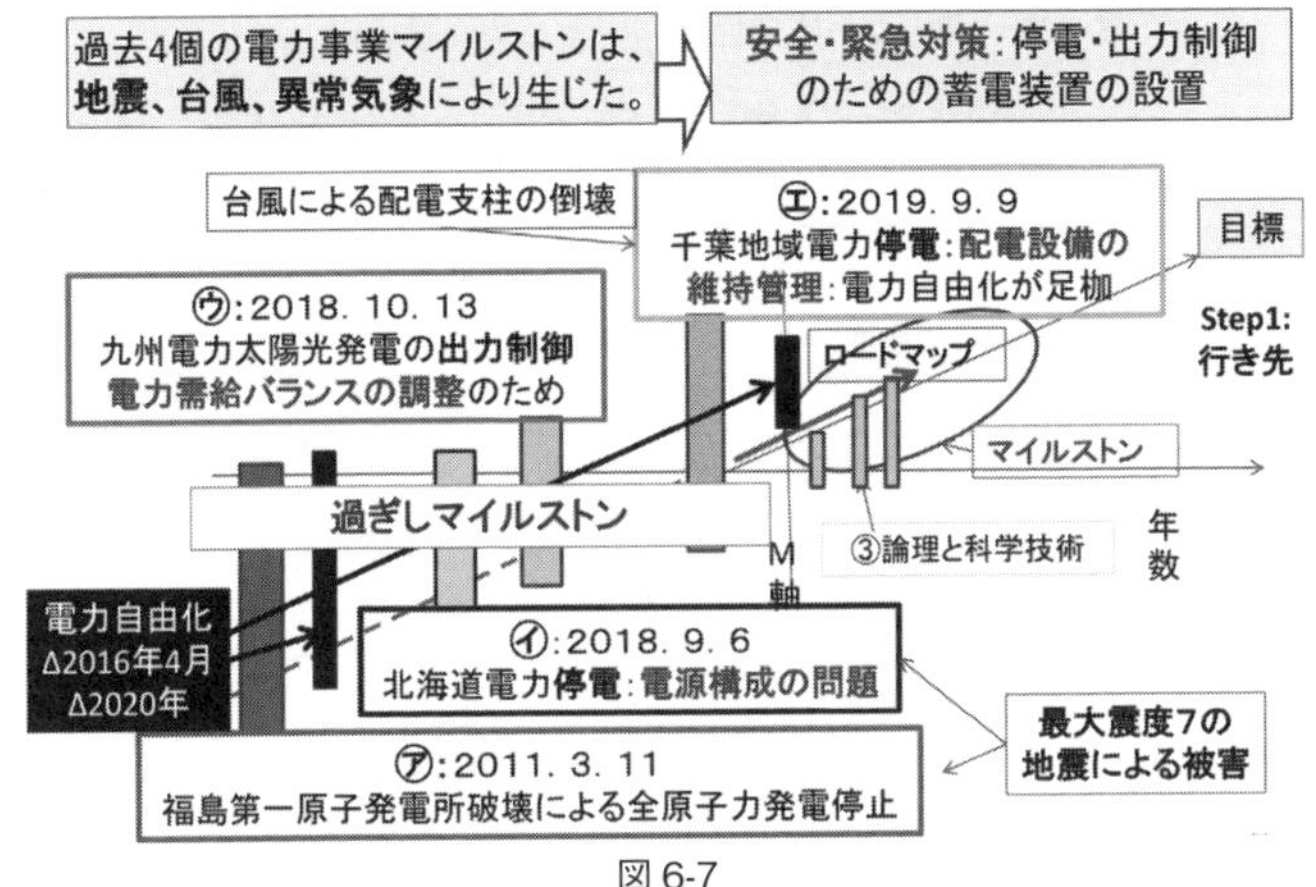

図 6-7

出典：『電力事業の道標――PS-21 が掘り起こし顕すもの』

現実のなかで、『今』どちらへどのように具体的な『一歩』を踏み出せるか」といった問題を専門家の知識と一般市民の知恵とを重ね合わせて検討し、PS－21の作業としてロードマップに書上げることを提案している。

電気事業のロードマップ

自由化のなかにある電気事業におけるロードマップは、「スマートコミュニティ」が、二十一世紀の電力システムを計画する上での「目標」たり得るかから始め、「スマートコミュニティ」によって人間は何を得たいのか、何が得られるのかなどを具体的に実証的に検討することが、目標達成の第一歩となるとの認識に立って提示された。その概要は以下の通りである。まずそ

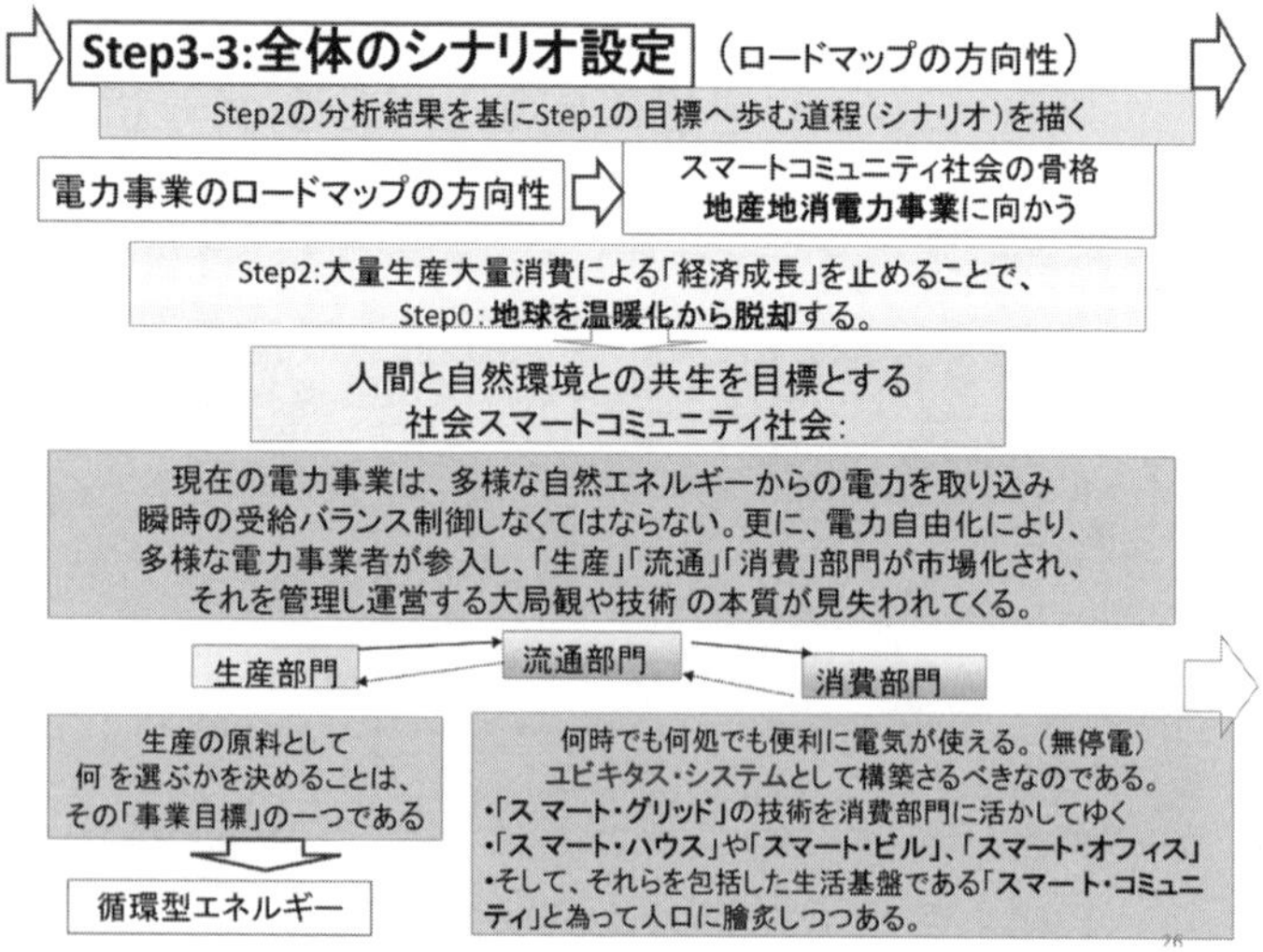

図 6-8
出典：『電力事業の道標——PS-21 が掘り起こし顕すもの』

の基本手順を図6—6、7、8に示す。これらの図を作成した小佐野忠峰氏は、筆者の長年の友人で、その思うところを、足らぬところを補いつつ、的確に表現している。そのロードマップは、図6—5を踏まえ、その趣旨を電気事業に適用すべく図6—6の手順に従い、PS‐21が調査した現状を「過ぎしマイルストン」とし、その歴史に学び、「目標」に向かう全体のシナリオ設定を図6—8に示すごとく描こうとしている。そこでの要点として、出川氏が指摘する（二一七ページ）「正しいかどうかではなく、適切であるかどうか」、「このモデルを見せられたものが、この現実のなかで『今』どちらへどのように具体的な『一歩』を踏み出せるか」といった問題について、専門家の知識と一般市民の知恵とを重ね合わせて検討し、ロードマップに書き上げることを提案している。

今回PS‐21が試みた「みんなで造ろうロードマップ」は、「建前と本音」や「理想と現実」のギャップを解消する機能を果たすうえでは全く不十分ではあるが、それぞれが自分のロードマップを持ち寄り、さらに大きな地図のなかにそれぞれが歩むべき道程を書き込めば、あるいは感情的で不合理な批判の根拠が解消することとなろう。

ここで問題となるのは、一般市民が目指すスマートコミュニティと行政府や事業体が目指すそれとの乖離などがもたらす状況が「税金の無駄遣い」、「企業活動による自然破壊」、「『建前と本音』や『理想と現実』のギャップを埋められない技術への不信」など、いささか不合理な批判の根拠になることである。この状況を克服する上で、専門家の結集する学会が一般市民の「本音」を的確に把握し、このギャップを埋めるため、自らの持つ知識に一般市民の持つ知恵を重ねるという機能を果たすことが求められている。

参考文献

出川通『図解　実践ロードマップ入門』言視舎、二〇一五年
荒川文生「スマートコミュニティの電力システム構築へのロードマップ」電気学会研究会資料 HEE-19-022, 二〇一九年
電気学会技術報告 #1498「歴史に学ぶ21世紀に於ける電力系統技術」第5章、1〜2節、五四―六二ページ、二〇二一年

第７章

明日への第一歩は何処へ

煌めく星影

日本の新聞各社に「科学部」が創設されるようになった一九六〇年前後、合衆国大統領アイゼンハウアーの国連演説（後にアトムズ・フォア・ピースとして報道）があり、同じくケネディによる「十年以内に人類を月へ」という演説を基にしたＮＡＳＡの設立があった。原子力開発は第二次世界大戦中に大きく進展したが、宇宙開発は人類の夢を現実化するものとして新鮮で、人々の勇気を奮い立たせ「歓迎」された。それらの背後に悍（おぞ）ましい「冷戦」を有利に戦うべき戦略が潜められていることへの警句は、歓迎の波に押し流されてしまった。[*1]

それ以降一九七〇年代までの日本は、サンフランシスコ平和条約のもとに「独立」し、国際社会への復帰を果たしつつ朝鮮動乱を契機に経済復興に邁進、「高度経済成長」の波に乗って「ジャパン・アズ・ナンバーワン」[*2]といわれるまでに至っていた。大学では原子力工学科に精鋭が集中するなか、定員が拡大された理科系の卒業生たちが、経済活動における技術革新の推進に寄与した。それを支えるエネルギー供給は、高騰する石油価格を原子力発電が代替することで安定化していた。蓄積された資本は、海外の不動産などに投資され、あたかも日本が「世界に冠たる」存在となったかのごとき活況を呈していた。

一九八〇年代に入ると日本経済は、「石油危機」を克服して豊かさを保つべき「安定成長期」

に入ったが、その後、国際経済は「グローバル化」の波を以って日本に襲いかかってきた。その道具立てとなったのは、「情報化時代」のなかで構築された膨大なデータとその処理手段としての情報伝達機能を備えたコンピューターであった。その背景には、国際化した企業集団の政治的かつ経済的世界戦略があった。さらに、そこには「情報」という文化的資産が存在するが故の文化的影響力を見逃すこともできなかった。また、道具立てという以上、そこにある「技術」も文化的所産の一つである。そういった技術は、現代において情報を氾濫させ、人間生活のありようを根本的に変えてしまうようになった。例えば、人間性喪失の兆しを見せつつある社会において、ICT技術を駆使した情報宣伝活動が「ポピュリズム」と「民主主義」とを混迷と退廃の渦のなかに巻き込んでしまった。その結果が、二〇一〇年代に世界各国に見られた政治的混迷と退廃となって現れた。[*3]

若者の夢や希望は、宇宙の煌めく星影に燦然と輝いていたが、そこにひそむ「金塗れの価値観、エネルギーの無駄遣い、そして、巨大システムによる個人の尊厳潰し」といった人間性喪失の兆しに気づいていたのはいかほどの者たちであったろうか？

十字架を担って

時代が二十世紀から二十一世紀に遷り変わったことの象徴といえたのは、二〇〇一年九月一一日のNYテロ事件であった。この事件とその後の展開に関わった者らが図った「画策」の意図や相関については、多くの情報の捏造や隠蔽により、その真相は知るべくもないものとなった。しかし、「嘘を分析すると本音が見える」という理（コトワリ）のとおり、氾濫し捏造される情報のなかから多くの人が気付いた事柄があった。そのひとつは、覇権大国の軍事力がもはや覇権を維持するうえで力を失うどころか、逆にそれを脅かす要因となり得ることであった。実際に国際情勢を不安定にするものは、国家的に組織された軍事力に反発する人々の「テロ」であることが如実に示されるようになったのである。しかも、二〇一〇年代に世界各国に見られた政治的混迷と退廃は、単に政治的システムのみならず、国際金融資本を中核とする経済的システムや、学会や教育機関といった文化的システムにおいても、「巨大システムの制度疲労」と指摘されるようになった。[*4] 二〇一一年三月一一日に惹起した東日本大震災と福島第一発電所の放射能拡散事故に伴う「巨大システム」の動きは単に日本だけではなく国際社会が制度疲労を起こしている現実を明らかにしたという論評に多くの根拠を与えた。[*5] そこで、混迷と退廃の渦に巻き込まれていた二〇一〇年代における日本の政治・経済・社会の大部分は、この制度疲労の修復を怠っていたといえよう。しかし、事態を冷静に判断し、福島の復興に尽くすものがいないわけではなかった。福島事故後、ある電気学会会員が「パンドラの箱を開けた者には、それを閉じる責任がある」との認識に立ち、一九九八年五月に制定された「倫理綱領」と、付随する「行動規範」（1―2　安全の確保と環境保全：会員は、電気技術が公衆の安全や環境を損なうことにより健康および福祉を阻害する可能性があることを強く認識し、技術が暴走し破滅的な結果を招かないよう、安全の確保と環境保全のため常に最大限の努力を払うと共に、安全と環境管理に関する責任体制を明確化する。）が守られていれば、あのように悲惨な事態は避けることができたとの反省から、綱領違反に伴う処分を願い出た。学会倫理委員会は慎重な審議の結果、綱領に罰則規定がないこと等から「処分には該当しない」と結論を出した。[*6]

コラム「空気の研究」その6

創刊百年(?)を祝うメディアが懸賞論文を募集するにあたり、筆者にも応募を要請してきた。「枯れ木に花の賑わい」かと応募したところ、見事に落選した。無能を恥じるのみであるが、その内容が原子力発電所事故に係るものであったせいかもしれない。「捨てる神あれば助ける神あり」で、NPO法人「科学史技術史研究所」（木本忠昭会長）が会報に内容を掲載して下さったので、お許しを得て本書に転載した。

当該メディアの皆さんには平素お世話になっており、「空気」が読めず趣旨に沿わない論文を投稿してご迷惑をお掛けしたことと反省している。しかし、この「空気」については、看過しえないものがある。物質が持つ質量をエネルギーとして取り出す技術が人類の福祉に寄与するならば、大いに歓迎すべきことであるが、不幸にして歴史的にそれは無辜の民を殺戮する兵器として具体化し、世界の平和と安全を脅かしている。しかもまた「原子力平和利用」を謳った設備が、多くの市民から平和で安全な生活を奪ったのであるから、技術者をはじめ、それに関わったものが事態を分析し、反省と償いを込めて補償や再発防止の措置に実践的に取り組むことを「空気」で抑え込むことは許されない。

復活祭十字架担ひ登る途　（青史）

また、「認定NPO法人　おんがくの共同作業場」[*7]は「3・11鎮魂の歌はまだ終わっていない」として、二〇一七年五月五日に杉並公会堂で東日本大震災復興支援のコンサートを主催し、バッハのマタイ受難曲を通して、復興に当たるべき者一人ひとりがその能力と状況に応じてなすべきことを着実に具体化して行く決意を表明した。受難曲の後半にバスの歌うアリア「おいで　甘き十字架よ…」が、チェロの二重奏を後ろ盾にして、聴き手の心に響かせるものは、それが「私のキリストよ！　その十字架を何時も私の心に授けて下さい！」と願うように、イエスキリストと共に十字架を担い復興への長い道のりを歩み通す決意であった。

二〇一一年三月一一日の福島第一発電所放射能拡散事故を自らの担うべき十字架として日本のエネルギーシステムの再興に取り組み、その思い半ばにして早逝された先輩諸氏を偲ぶ者の集いもあ

った。そこに残された者たちが、散り敷いた花筵に万感の思いを籠めて合作した句は、

「尊きを偲ぶ桜葉萌え立ちぬ」。

これも日本のエネルギーシステムを再興すべく、十字架を担って長い道のりを歩み通そうとする後輩たちの決意を示していた。特に、日本の原子力開発は、広島や長崎の悲惨な被害への想いと共に推進されており、「屍の上に生き居り原爆忌」という想いが、重い十字架を担わせることになっていた。

歴史が語るもの

こうした「巨大システムの制度疲労」という状況は、その後いかに克服されたであろうか。未来をお見通しなのは神様だけであろうが、人間には未来を計画する能力が与えられている。それは「歴史が語るもの」を読み取る能力である。「歴史とは何か」を問えば、百家争鳴、語るに尽きない面白さがある。歴史を示す英語（History）は High Story であって、つまりは高級なお話として、歴史には事実に基づかない夢や希望など、さらには自らの権威を誇示するための欺瞞や捏造すらあり得る。客観的事実に基づき合理的な判断を示すべき学問として歴史学が基礎とする「事実」は、研究に従事する歴史学者が参照する遺跡や文献という史料である。

史実の研究を始めるに先立って、「その歴史家を研究せよ」[*8]という言葉があるように、いか

に歴史学者が客観性を尊重したとしても、そこには主観が入らざるを得ず、また、没主観的な歴史研究は寧ろ無価値である。[*9]

科学者や技術者が、自然のなかに生まれ、自然と共に生きるものとしての「人間」の生きざま（倫理）を忘れ、左脳の論理の世界だけに生きれば、科学や技術の負の側面としての軍事研究や自然破壊に邁進してしまいかねない。自然科学者や技術者は、基より、自然の力の大きさや素晴らしさに気付いているはずなのに、これを破壊している自らの姿に気づかなかったかのごとくである。これが自然科学者や技術者の倫理喪失として指摘される。これを正すのが右脳の感性（真・善・美）の世界であり、左脳と右脳を結ぶ脳幹の働きがいかに大切かに想いを致すべき時代として二十一世紀が来ているのである。このような**世界史の転換点に立って**、巨大システムの制度疲労を克服するうえで、二十世紀から二十一世紀にわたる歴史が語る客観的事実として読み取るべき基本事項は、第一章に仮説として示した「①自然との共生、②巨大システムの分離縮小、③システムの内実」を分析・検討し、実践することである。特に、二十一世紀に入って明らかとなった矛盾を止揚するものは、人類が共存できるシステム（共同体）がどのようなものであれば良いかというその内実、つまり、それがどの程度閉じたシステムであり、どの程度開いたシステムであれば良いのか、システム間にどの程度の距離があるのが適切か、システム内でどのような対話がなされているか、その道具立てはどのようなものかといった具体的「手立て」なのである。

このような基本事項を基として、宇宙の煌めく星影に燦然と輝いていた若者の夢や希望にひそむ人間性喪失の兆しを正し、「金塗れからの脱却、無駄遣いの克服、一人ひとりの尊重」を実現するために人類がとるべき「手立て」の要点は、自然との共生に関し、太陽エネルギーの有効活用[*10]、巨大システムの分離縮小に関し、人文科学や社会科学を含むシステム技術の革新[*11]（例：阿部力也）、システムの内実に関し、「一人ひとりの尊重」を実現するための小さな共同体の構築[*12]（例：坂征郎）、その間の適度な距離、システム内で対話を成立させる手段等であり、これらを具体的なものとして計画に盛り込む作業が求められる。この作業の一つとして、筆者は二〇〇九年に設立された「一人一票実現国民会議」の活動に参加している。[*13]

明日への第一歩

これまで述べてきた通り、ＰＳ－21は二〇五〇年までに達成さるべき私たちの共同体をどのように構築するか、その基盤となる電力系統はいかにあるべきかを、歴史に学ぶことを通し、事実を基にした合理的判断を以って検討した。その判断を具体的に実践すべく「明日への第一歩は何処へ」向けて歩み出せば良いかは、私たち市民一人ひとりが、そのよって立つ倫理や価値観、そして、その置かれた状況に応じロードマップロードを描くことで示される。

そのロードマップは、「歴史が語る未来」を自分なりに描くものであるから、まず、自分が歴史からなにを学んだかが基礎となる。それが自分自身の間尺に合い、周囲の人々への想い遣りに満ち、危機とそれへの対応手段が的確に捉えられていれば、その実現可能性が高まり、その道に進む意義が深まることになる。さらに、ロードマップを周囲の仲間と協力して描ければ、それ自体が楽しいこととなり、想い遣りが深まるだけに協力も得やすくなる。そういった仲間同士のロードマップを集大成したものが、その仲間の共同体が描くロードマップとなる。だから「みんなで造ろうロードマップ」なのである。

ここで山本七平氏の言う「空気」を想い直してみよう。ロードマップを描くにあたり「空気」はどのように影響するのだろうか？　歴史の示すところ、ルネッサンスの文化的勃興やナチスの狂気、戦艦「大和」の無謀な出撃、NY多発テロへの「反撃」、そして原子力発電の「安全神話」、そのいずれも「空気」によって推し進められた。その空気は今また全世界を覆いつつあるように見える。それは何と電気学会をも覆いつつある。

ロードマップは事実に基づく合理的な判断という理性的な面と、周囲の人々への想い遣りや危機への不安といった感性的な面の両面から描かれるが、「空気」は理性を押し流し、感性にひたひたと忍び寄る。その結果、人間は気づかぬ内に破滅への途をひたひたと歩むことにもなりかねない。逆に、芸術や文化は、必ずしも人間の理性だけによらずそれを超えたところに、この「空気」に押されて展開し、人間の感性に響く素晴らしいものとなる。

今や、人類の開発した技術がエネルギーを無駄遣いして地球環境を破壊し、その結果、人類が絶滅することすら現実的に予測されるような時代が到来している。人類をこのような状況から救う手段も、また、**芸術を含む技術**であることは歴史的事実が示している。しかし、技術は第七章の扉に示すごとく、それだけで成り立っているものではなく、人間生活が織りなす文化の実践的な一部として位置付けられる。その理論的な背景は工学であるが、技術が人類に何をもたらすかは政治的、経済的、社会的な背景のなかで倫理や哲学といった人文科学的な要素が、実は、決定的なのである。山本七平氏は、これを「空気」と表現している。つまり、人類を破滅に導く「澱んだ空気」を払拭し、明るく平和な未来を築く「清新な空気」を呼び込む手段として芸術を含む技術を位置付ければ、技術が人類にもたらすべきものは何かが明らかになる。この図で技術（A）と人文科学（B）とを結ぶ線が「歴史」に跨がっているのは、この決定的要素が歴史を学ぶことによって認識されることを示している。即ち、この「空気」がどのようにして生まれ、人間生活にどのような影響を及ぼしたかは、歴史に刻まれているのである。ここにロードマップを描くにあたり、歴史に学ぶことの意義が示されている。

それでは、明るく平和で自然と共にある未来社会について、歴史が何を語っているかを学び、広い知識に深い知恵を加え、仲間と楽しく力を合わせて描いた地図（ロードマップ）を観ながら、どんなに小さな一歩でも良いから「明日への第一歩」をしっかりと歩み出そう。

注

＊1　武部俊一「科学ジャーナリズム小史」日本科学技術ジャーナリスト会議編『科学ジャーナリズムの世界――真実に迫り、明日をひらく』化学同人、二〇〇四年

＊2　Ezra F. Vogel "Japan as Number One—Lessons for America," Harvard University Press, May 1979.

＊3　鈴木英生「ポピュリズムと社会運動の間に」『毎日新聞』二〇一二年二月二七日

＊4　「内外経済の中長期展望（2016-2030年度）」三菱総合研究所マンスリーレビュー、二〇一六年七月号

＊5　日本科学技術ジャーナリスト会議編『徹底検証！福島原発事故　何が問題だったのか――4事故調報告書の比較分析から見えてきたこと』化学同人、二〇一三年

＊6　柴田鐵治「電気学会の『ドンキホーテ』」『電気新聞』二〇一一年八月一〇日

＊7　おんがくの共同作業場ウエブサイト http://www.gmaweb.net/npo

＊8　E. H. Carr "What is History" PALGRAVE, First edition 1961, Reprinted with new Introduction, 2001.『歴史とは何か』清水幾太郎訳、岩波書店、一九六二年

＊9　電気学会 電気技術国産化の歴史調査専門委員会編、石井彰三・荒川文生著『技術創造』朝倉書店、一九九九年

＊10　地球環境問題を考える懇談会編『生存の条件――生命力溢れる太陽エネルギー社会へ』旭硝子財団、二〇一〇年

＊11　阿部力也『デジタルグリッド』エネルギーフォーラム、二〇一六年

＊12　坂征郎『土太郎物語――夢の村づくり』朝日クリエ、二〇一三年

＊13　升永英俊、『統治論に基づく人口比例選挙訴訟』、日本評論社、二〇二〇年

本章「煌めく星影」「十字架を担って」の部分は、「科学史技術史研究所」（木本忠昭会長）の会報「科学史技術史通信」第32号（二〇二〇年四月二四日）に掲載されたものの一部であり、「十字架を担って」の部分は、JASTJ会報98号「震災特集」（二〇二一年三月）に掲載された筆者の文章に追加修正したものである。

おわりに

日本科学技術ジャーナリスト会議会報の初代編集長であった武部俊一氏は、記念すべき会報第百号（二〇二一年九月）の巻頭言を「憧れを胸に洞察力を磨く」と題し、第二百号を飾る心弾む話題として「異星人からの電波受信」を挙げている。筆者が胸に抱く「憧れ」のひとつは、細やかながら吾が人生の総括を書物に著すことであった。本書は諸賢の洞察力を拝借し、歴史に学ぶことを試みたものの、自らの洞察力を磨くことができたどうか、忸怩たる想いを禁じ得ない。

かくして、電気学会技術報告『歴史に学ぶ二一世紀における電力系統技術』（第一四九八号）の発刊（二〇二一年一月）を機に企画した本書の出版が、十か月の準備期間を経て実現した。それもこれも筆者の企画を閲し「良いものを作りましょう」と決断した現代書館菊地泰博社長と、広い知識に深い知恵を駆使して出版に努力した原島康晴氏の賜物である。出版界の現状は、氾濫する情報を拡散する電波と大量の情報を処理する電子機器とにより、文字文化が駆逐されそうになっている。人々が落ち着いて文章を読み、洞察力を磨くことなど忘れてしまったようだ。

この状況の中で、本書の出版に踏み切った「現代書館」の英断は特筆に値する。

もとより、本書の内容は、電気学会技術報告の編集に当った委員会PS－21と科学技術ジャーナリスト会議の有志による再検証委員会の作業結果であり、それら委員各位の努力と貢献には、筆舌に尽くし難いものがある。これへの敬意と謝意とを表するのは、失礼ながら、代表者のお名前を挙げるに留める。前者は、電気技術史技術委員会の日高邦彦委員長、学会事務局との折衝を含め作業に尽力した吉村健司PS－21幹事と藤原昇学会専務理事、後者は、柴田鉄治氏の後を継ぎ委員会を担っている林勝彦代表と会報編集長も務めた高木靭生氏である。

筆者をこの世に生み出してくれた両親を初め、吾が人生を支えてくれた家族、貴重なご指導ご鞭撻を賜った恩師、先輩、様々な力を貸してくれた同級生、同僚、そして後輩各位に、著者は改めて篤い敬意と深い謝意とを表する。吾が肉体は塵となって大地に埋もれるとも、その魂は大空を吹きわたる千の風となって宇宙に回帰し、再び何物かに輪廻して顕れるであろう。

おわりに、小出五郎、森一久、柴田鉄治、三先輩と祖父の霊前に謹んで本書を捧げたい。

冬空に消へゆく命千の風　青史

皇紀紀元二千六百八十一年　辛丑　神無月（二〇二一年一〇月）

荒川　文生　拝

田中伸男……209-210
短絡容量……146
地域包括ケアシステム……158
チェルノブイリ（Chernobyl）
原子力発電所……44, 53-55, 57, 75, 79, 98, 128, 137
地産地消……2, 7, 67, 115-116, 118, 120, 142, 155, 189-192, 194, 198, 200-202
知的財産の移転……70
鶴崎敬大……186, 188
出川通……211-212, 214-217, 230, 235-236
電圧崩壊現象……43
電気事業の公益性……94
電力系統技術……1-2, 7, 19, 26-27, 31-32, 34-36, 38-49, 101, 151, 157-158, 162, 172-174, 190-191, 194, 198, 204-206, 208-209, 226, 229, 236
電力再編成……37-38, 40, 137, 178, 191, 225
電力自由化……44, 46, 49, 67, 96, 142, 165, 198-199, 225
電力線搬送通信……31, 36
電力の統一……33, 36, 137, 225

な行

中島健一郎……122, 134
仁科芳雄……54
日米原子力協定……87
日本原子力産業会議……62, 97
ニューヨーク同時多発テロ……45-46, 57, 62, 240, 246

は行

畑村洋太郎……78-79, 82
原島文雄……72
ビッグデータ ……48, 161, 163
風況マップ……137, 139
負荷遮断……102, 104-105
船橋洋一……87-92
ブラックアウト……102, 105-106, 109, 117, 155
プロシュマー……153
分散型制御……147
分散型電力システム……104
ポピュリズム……19, 239, 248

ま・や・ら行

升永英俊…… 248
南直哉……94-95
民間事故調……87-89, 92-93
毛利邦彦……204
森一久……62, 64, 97, 99-101
安田喜憲……15, 22
山本七平……3, 18, 246, 247
余剰電力対策……146
レジリエンシー（復元力）……88, 93, 155-156, 197
レドックスフロー電池……145

大越考敬……224
小佐野忠峰……121, 235
温室効果ガス……144, 181, 196

か行

隠れ停電……114
家電ブーム……178
カリフォルニアの電力危機……27, 45-47, 95-96, 137
菅直人……92
官民の軋轢……55, 97
危機管理……89-91, 224
技術交流……225
技術者倫理……43, 45, 82-83, 95-96, 224
技術的特異点……161
北澤桂……91, 92
木本忠昭……241, 248
緊急時保護制御……165-166
グローバルコンテクスト……64
黒川清……83, 85
蹴上発電所……28-29, 189
系統安定化……165, 174
系統解析技術……163
原子力基本法……54, 56
原子力ルネッサンス……55, 64
小出五郎……61-62, 64
広域運営……38, 40, 50, 110, 137, 163, 178, 225
高度経済成長……35, 56, 88, 136, 178, 238
交流計算盤……34, 36, 38, 40
国際金融資本……43, 49, 240
五大電力……31, 35-36, 137, 225
国会事故調……84, 87, 97, 99
小西博雄……149

さ行

サイバーセキュリティ……158, 170, 175
坂征郎……22, 245, 248
サンシャイン計画……44, 137-140, 178, 183
柴田鉄治……73
需給制御……44, 147, 149
需給調整……146, 168-169, 171, 175, 180
需要家電力資源……168-169, 175
需要地系統……149-150
需要料金制度……178
循環型社会……144, 197, 199
省エネ型福祉共同体……67
新エネ法……137, 140, 183
鈴木悌介……129, 134
スリーマイル島（TMI）原子力発電所……42, 55, 57, 79, 98, 137
政府事故調……78
関根泰次……50-51, 104-105, 187, 208
石油危機……41, 45, 179-181, 186, 193, 225, 238
芹澤善積……174-175

た行

代エネ法……137-138, 178
太陽光発電……58, 106-111, 117-118, 130, 137-138, 140-141, 143-144, 147-148, 151, 155, 172, 182, 184, 193, 196-198, 209
高木さと子……127
滝鼻卓雄……22
武谷三男……11, 22, 79
武田充司……68, 69, 71
武部俊一……248

Insull, Samuel……27, 50
IoT（Internet of Things）158, 171-172, 174, 187, 206
IPP（Independent Power Producer）……46, 195, 198
J Power（電源開発株式会社、電発）……38, 46, 56, 81, 97
KIEE（Korean Institute of Electric Engineering）……20
Machine Learning（機械学習）……160-162
MHD（電磁流体発電 magnetohydrodynamics）……40
MSR（溶融塩原子炉 Molton Salt Reactot）……61
NDH（Nuclear Power Development History）……17, 62, 64, 66, 68, 72-73, 219, 223
Neural Net（生物体神経回路網）……44
NIST（National Institute of Standards and Technology）……153
OPEC（Organization of the Petroleum Exporting Countries）……179
P2P（peer-to-peer）……153
PCS（Power Conditioning Subsystem）……147
PDH（Plesiochronous Digital Hierarchy）……166
PMU（Phasor Measurement Unit）……157, 166
PPS（Power Producer and Supplier）……152, 195, 198
PS-21（Power Systems in 21st Century）……19, 48, 116, 127, 129-133, 149, 157, 212, 214, 217, 219-224, 226-230, 232-235, 245
PV（Photovoltaic）……150
RPS（Renewables Portfolio Standard）……137, 141, 183, 196, 198
RTP（Real Time Pricing）……
SET（Socio-Energy Technology）……218, 222-223
SMES（超電導電力貯蔵 Superconducting Magnetic Energy Storage）……44, 143, 145
SPP（Surplus power purchase program）……46, 137, 141, 183
TA（Technology Assessment）……64
TIH（Technology Interaction History）……219, 223
UFR（周波数低下リレー Under Frequency Regulator）……104
UHV（Ultra High Voltage）……42, 44
V2G（Vehicle to Grid）……148, 154
V2X（Vehicle to Anything）……154
VPP（Verified Power Production）……130, 152-153, 185
WAMPAC（Wide Area Monitoring, Protection and Control）……165-166

あ行

アシロマ原則……48, 162
阿部力也……22, 245, 248
アンシラリーサービス……148
安全神話……2, 68, 75, 88-89, 246
異常気象……48, 101
インテリジェント化……43-45, 163
エネこま……2, 7, 124-127, 131, 134, 203
遠隔出力制御……137, 147, 151
遠距離送電……136

索引

3E+S（Environment, Energy, Economy, and Security）……149
AESOP（Approch to the Energy and Socio-economy Oriented Planning）……41-42
AFC（Automatic Frequency Control）……39-40, 50
AI 技術（Artificial Intelligence Technology）……2, 149, 157, 160-163, 165, 171-173, 206-207, 222-223
Bismarck, Otto von……10, 22
CAES（Compressed Air Energy Storage）圧縮空気貯蔵……143, 145
Carr, Edward, H.……13, 22, 248
Casazza, Jack……47, 51, 95
Complementary Learning（補完学習）……161, 165, 173
COVID-19……3, 21, 48, 89, 187
CPS（Cyber Physical Systems）……171-172
CSEE（Chinese Society of Electric Engineering）……20
Deep Learning（深層学習）……160, 161, 165
DIH（Domestic Innovation History）……219, 223
EMS（Energy Management System）……149-150, 185-186, 188
EV（電気自動車 Electric Vehicle）……146, 150, 185, 212
FC（周波数変換所 Frequency Converter）……70, 137, 150
FD（Future Design）……
FIT（Feed-in Tarif）……48, 137, 141-142, 144, 178, 183, 198, 200, 202
FREA（福島再生可能エネルギー研究所）……135, 149
GHQ（General Head Quarters）……37
HKIE（Hong Kong Institue of Engineering）……20
HVDC（High Voltage Direct Current）……40, 137
ICEE（International Confernce on Electric Engineering）……20-21, 23, 66, 219, 223
ICEF（The Innovation for Cool Earth Forum）……209-210
ICT 技術（Information and Communication Technology）……149, 157, 163, 171-173, 182, 200, 206-207, 239
IEA（International Energy Agency）…………209
IEEE（Institute of Electric and Electronic Engineering）……47, 50, 156, 174, 219, 223
IEEJ（Institute of Electric Engineering Japan）……20, 112, 219, 223

荒川文生（あらかわ　ふみを）
技術史研究者。
1940 年、東京都生まれ。
1965 年、電源開発株式会社入社。水力建設部送変電課配属（佐久間周波数変換所建設所建設・運転・保守）。1971 年、原子力室（高温ガス炉）。1974 年、労組専従（書記長）。1980 年、合衆国ワシントン市駐在（日米独石炭液化共同開発事業）。1984 年、工務部技術課長（社内電気技術総括）。
1990 年、電気学会 電気技術史技術委員会 委員。1993 年、電力・エネルギー（B）部門 副部門長。
1993 ～ 2021 年、調査専門委員会（DIH 委員長、TIH 委員長、NDH 幹事、PS-21 委員長）。
1998 年、ICEE 日本委員会 委員長。
1997 年、電源開発株式会社工務部審議役（工務部技術史編纂）。
2000 年、株式会社地球技術研究所入社、取締役　研究所長。
東京工業大学講師（電気技術史と技術開発）。
2008 年、東京工業大学大学院社会理工学研究科修了。学術博士（技術史）。

3.11に学ぶ――歴史が語る未来

2021 年 12 月 7 日　第 1 版第 1 刷発行

著　者　荒川文生
発行者　菊地泰博
発行所　株式会社現代書館
〒 102-0072 東京都千代田区飯田橋 3-2-5
TEL: 03-3221-1321　FAX: 03-3262-5906
振替 00120-3-83725
印刷所　平河工業社（本文）
東光印刷所（カバー、帯、表紙、扉）
製本所　積信堂
装　丁　宗利淳一

ISBN978-4-7684-5910-2
定価はカバーに表示してあります。
乱丁・落丁本はお取り替えいたします。

活字で利用できない方のための
テキストデータ請求券
『3・11に学ぶ』

現代書館の本

日本の堤防は、なぜ決壊してしまうのか?

水害から命を守る民主主義へ

西島 和　著

気候危機とSDGsに対応した水害対策への大転換を!

近年、全国各地で記録的な大雨による甚大な水害が相次いでいる。2019年10月に東日本台風が襲来した折には、巨大ダムやスーパー堤防が被害を食い止めたという声がネットで飛び交った。果たしてそれは事実か? 河川公共事業の住民訴訟に携わってきた著者が丁寧に解説。

四六変判並製/168ページ/1600円+税

メートル法と日本の近代化

田中舘愛橘と原敬が描いた未来

吉田春雄　著

盛岡藩出身の物理学者・田中舘愛橘が、日本を近代化すべく盟友・原敬とともに奔走する姿を活写。両者の友情を軸に、様々な度量衡が使われていた明治の日本で、メートル法に統一されてゆく過程を感動的に描く。日露戦争時、陸軍がメートル法を用い、海軍がヤード・ポンド法を使うという度量衡の混在が弾薬不足を招いていた。それを知った愛橘は、陸海軍、そして伝統建築を担う宮大工の説得に乗り出し、原敬の助力も得て、遂に大正10年、メートル法を主たる単位系とする度量衡法中改正法律の公布にこぎ着けたのであった。

四六判上製/216ページ/1800円+税

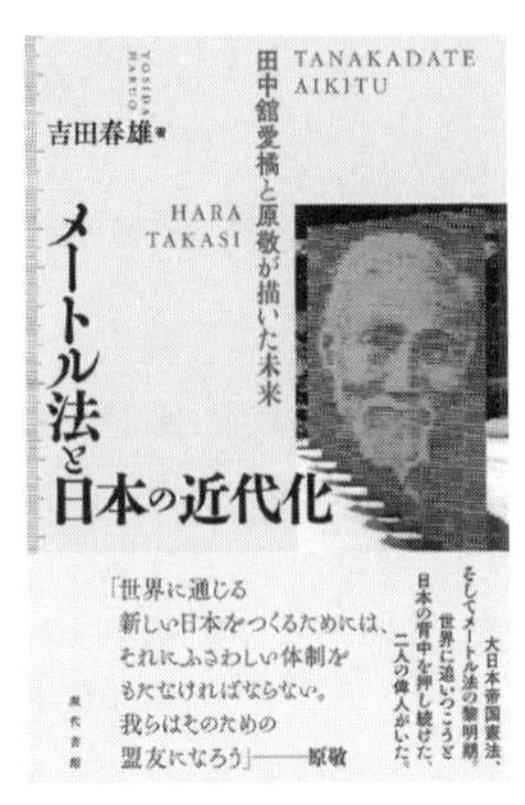

小さな声からはじまる建築思想

神田 順　著

建物の耐震性や構造安全性の専門家として名高い著者は、建築の世界を志して以来、一貫してスクラップアンドビルドではなくストックを活用するまちづくりを提唱し続けてきた。東大闘争、世界的な経済学者・宇沢弘文氏が唱えた「社会的共通資本」の理論から著者が受けた影響にも迫る。また、東日本大震災の発生直後から関わる岩手県釜石市の漁村集落での復興プロジェクトを通して得た豊富な知見も収録。くらしと地域に根ざした持続可能な建築と社会のあり方と、地震大国に即したまちづくりモデルを提示する。

四六変判並製/184ページ/1700円+税

定価は2021年11月1日現在のものです。